国家出版基金项目
NATIONAL PUBLICATION FOUNDATION

中药材生产加工适宜技术丛书

中国中药资源大典
——中药材系列

中药材生产加工适宜技术丛书

中药材产业扶贫计划

延胡索生产加工适宜技术

总 主 编 黄璐琦

主 编 范慧艳 李石清

副 主 编 张春椿 蒋福升

U0207104

中国医药科技出版社

内容提要

《中药材生产加工适宜技术丛书》以全国第四次中药资源普查工作为抓手，系统整理了我国中药材栽培加工的传统及特色技术，旨在科学指导、普及中药材种植及产地加工，规范中药材种植产业。本书是一本关于延胡索种植及产地初加工的技术手册，包括：概述、延胡索药用资源、延胡索的栽培技术、延胡索的特色适宜技术、延胡索药材质量评价、延胡索现代研究与应用等内容。本书内容丰富资料详实，对延胡索的种植及产地初加工具有较高的参考价值。适合中药种植户及中药材生产加工企业参考使用。

图书在版编目（CIP）数据

延胡索生产加工适宜技术 / 范慧艳，李石清主编 . — 北京：中国医药科技出版社，2018.6

（中国中药资源大典 . 中药材系列 . 中药材生产加工适宜技术丛书）

ISBN 978-7-5214-0307-7

Ⅰ.①延… Ⅱ.①范… ②李… Ⅲ.①延胡索—栽培技术 ②延胡索—中草药加工 Ⅳ.① S567.23

中国版本图书馆 CIP 数据核字（2018）第 105561 号

美术编辑　陈君杞

版式设计　锋尚设计

出版　中国医药科技出版社

地址　北京市海淀区文慧园北路甲 22 号

邮编　100082

电话　发行：010-62227427　邮购：010-62236938

网址　www.cmstp.com

规格　710×1000mm　$^1/_{16}$

印张　6

字数　52 千字

版次　2018 年 6 月第 1 版

印次　2018 年 6 月第 1 次印刷

印刷　北京盛通印刷股份有限公司

经销　全国各地新华书店

书号　ISBN 978-7-5214-0307-7

定价　28.00 元

中药材生产加工适宜技术丛书
—— 编委会 ——

总 主 编 黄璐琦

副 主 编 （按姓氏笔画排序）

王晓琴	王惠珍	韦荣昌	韦树根	左应梅	叩根来
白吉庆	吕惠珍	朱田田	乔永刚	刘根喜	闫敬来
江维克	李石清	李青苗	李旻辉	李晓琳	杨 野
杨天梅	杨太新	杨绍兵	杨美权	杨维泽	肖承鸿
吴 萍	张 美	张 强	张水寒	张亚玉	张金渝
张春红	张春椿	陈乃富	陈铁柱	陈清平	陈随清
范世明	范慧艳	周 涛	郑玉光	赵云生	赵军宁
胡 平	胡本祥	俞 冰	袁 强	晋 玲	贾守宁
夏燕莉	郭兰萍	郭俊霞	葛淑俊	温春秀	谢晓亮
蔡子平	滕训辉	瞿显友			

编　　委 （按姓氏笔画排序）

王利丽	付金娥	刘大会	刘灵娣	刘峰华	刘爱朋
许 亮	严 辉	苏秀红	杜 弢	李 锋	李万明
李军茹	李效贤	李隆云	杨 光	杨晶凡	汪 娟
张 娜	张 婷	张小波	张水利	张顺捷	林树坤
周先建	赵 峰	胡忠庆	钟 灿	黄雪彦	彭 励
韩邦兴	程 蒙	谢 景	谢小龙	雷振宏	

学术秘书 程 蒙

—— 本书编委会 ——

主　　编　范慧艳　李石清

副 主 编　张春椿　蒋福升

编写人员　（按姓氏笔画排序）

李石清（浙江中医药大学）

吴姝静（丽水经济技术开发区经济发展局）

汪　红（浙江中医药大学）

张　婷（浙江中医药大学）

张春椿（浙江中医药大学）

范慧艳（浙江中医药大学）

林　涛（浙江省教育厅）

胡　浩（丽水经济技术开发区经济发展局）

蒋福升（浙江中医药大学）

序

我国是最早开始药用植物人工栽培的国家，中药材使用栽培历史悠久。目前，中药材生产技术较为成熟的品种有200余种。我国劳动人民在长期实践中积累了丰富的中药种植管理经验，形成了一系列实用、有特色的栽培加工方法。这些源于民间、简单实用的中药材生产加工适宜技术，被药农广泛接受。这些技术多为实践中的有效经验，经过长期实践，兼具经济性和可操作性，也带有鲜明的地方特色，是中药资源发展的宝贵财富和有力支撑。

基层中药材生产加工适宜技术也存在技术水平、操作规范、生产效果参差不齐问题，研究基础也较薄弱；受限于信息渠道相对闭塞，技术交流和推广不广泛，效率和效益也不很高。这些问题导致许多中药材生产加工技术只在较小范围内使用，不利于价值发挥，也不利于技术提升。因此，中药材生产加工适宜技术的收集、汇总工作显得更加重要，并且需要搭建沟通、传播平台，引入科研力量，结合现代科学技术手段，开展适宜技术研究论证与开发升级，在此基础上进行推广，使其优势技术得到充分的发挥与应用。

《中药材生产加工适宜技术》系列丛书正是在这样的背景下组织编撰的。该书以我院中药资源中心专家为主体，他们以中药资源动态监测信息和技术服

务体系的工作为基础，编写整理了百余种常用大宗中药材的生产加工适宜技术。全书从中药材的种植、采收、加工等方面进行介绍，指导中药材生产，旨在促进中药资源的可持续发展，提高中药资源利用效率，保护生物多样性和生态环境，推进生态文明建设。

丛书的出版有利于促进中药种植技术的提升，对改善中药材的生产方式，促进中药资源产业发展，促进中药材规范化种植，提升中药材质量具有指导意义。本书适合中药栽培专业学生及基层药农阅读，也希望编写组广泛听取吸纳药农宝贵经验，不断丰富技术内容。

书将付梓，先睹为悦，谨以上言，以斯充序。

中国中医科学院　院长

中 国 工 程 院 院 士　张伯礼

丁酉秋于东直门

总 前 言

中药材是中医药事业传承和发展的物质基础，是关系国计民生的战略性资源。中药材保护和发展得到了党中央、国务院的高度重视，一系列促进中药材发展的法律规划的颁布，如《中华人民共和国中医药法》的颁布，为野生资源保护和中药材规范化种植养殖提供了法律依据；《中医药发展战略规划纲要（2016—2030年）》提出推进"中药材规范化种植养殖"战略布局；《中药材保护和发展规划（2015—2020年）》对我国中药材资源保护和中药材产业发展进行了全面部署。

中药材生产和加工是中药产业发展的"第一关"，对保证中药供给和质量安全起着最为关键的作用。影响中药材质量的问题也最为复杂，存在种源、环境因子、种植技术、加工工艺等多个环节影响，是我国中医药管理的重点和难点。多数中药材规模化种植历史不超过30年，所积累的生产经验和研究资料严重不足。中药材科学种植还需要大量的研究和长期的实践。

中药材质量上存在特殊性，不能单纯考虑产量问题，不能简单复制农业经验。中药材生产必须强调道地药材，需要优良的品种遗传，特定的生态环境条件和适宜的栽培加工技术。为了推动中药材生产现代化，我与我的团队承担了

农业部现代农业产业技术体系"中药材产业技术体系"建设任务。结合国家中医药管理局建立的全国中药资源动态监测体系，致力于收集、整理中药材生产加工适宜技术。这些适宜技术限于信息沟通渠道闭塞，并未能得到很好的推广和应用。

本丛书在第四次全国中药资源普查试点工作的基础下，历时三年，从药用资源分布、栽培技术、特色适宜技术、药材质量、现代应用与研究五个方面系统收集、整理了近百个品种全国范围内二十年来的生产加工适宜技术。这些适宜技术多源于基层，简单实用、被老百姓广泛接受，且经过长期实践、能够充分利用土地或其他资源。一些适宜技术尤其适用于经济欠发达的偏远地区和生态脆弱区的中药材栽培，这些地方农民收入来源较少，适宜技术推广有助于该地区实现精准扶贫。一些适宜技术提供了中药材生产的机械化解决方案，或者解决珍稀濒危资源繁育问题，为中药资源绿色可持续发展提供技术支持。

本套丛书以品种分册，参与编写的作者均为第四次全国中药资源普查中各省中药原料质量监测和技术服务中心的主任或一线专家、具有丰富种植经验的中药农业专家。在编写过程中，专家们查阅大量文献资料结合普查及自身经验，几经会议讨论，数易其稿。书稿完成后，我们又组织药用植物专家、农学家对书中所涉及植物分类检索表、农业病虫害及用药等内容进行审核确定，最终形成《中药材生产加工适宜技术》系列丛书。

在此，感谢各承担单位和审稿专家严谨、认真的工作，使得本套丛书最终付梓。希望本套丛书的出版，能对正在进行中药农业生产的地区及从业人员，有一些切实的参考价值；对规范和建立统一的中药材种植、采收、加工及检验的质量标准有一点实际的推动。

2017年11月24日

3

前　言

中药材是中医药文化的精髓，其独特的栽培及产地加工技术对药材品质的形成起着决定性作用。从选种、育苗、栽培、收获到加工成品，无不是当地人民数百年来的劳动智慧与自然环境的完美结合，因此，品质优良的道地中药材在很大程度上可以说就是"天、药、人合一的作品"，人为因素对药材品质的形成至关重要。然而，中药材小规模农业生产的方式决定了不少栽培加工方法都是老百姓口传心授，并无明确的章法可循。由于中药材栽培加工技术不规范，致使其质量不稳定，严重阻碍了道地药材的发展。而道地与非道地中药材之间，由于地理隔离、经济文化差异，其栽培加工方式相去甚远，导致道地产区优良的栽培加工技术无法推广应用。为贯彻落实《国务院关于扶持和促进中医药事业发展的若干意见》和《中医药标准化中长期发展规划纲要（2011—2020年）》提出的"全面推进中医药标准体系建设"的重要任务，进一步强化对中医药标准修订工作的指导意见，编著一套能够全面介绍中药材生产加工技术研究成果的丛书，对推动中药材规范化种植、从源头上保证中药材的产量及品质、确保人们安全用药具有重要意义。

本书主要介绍延胡索的生产加工适宜技术，在分析目前生产上存在的问题和解决对策的基础上，结合最新科研成果和栽培加工实践经验，系统阐述延胡索的药用植物资源、种植、加工、开发等内容，在突出适宜技术的基础上兼顾知识的系统性。章节内容包括植物学知识、药材学知识和农学知识。全书共分六章，第一章为概述，简要介绍中药材延胡索的相关概念和药材学知识；第二章为延胡索药用资源，主要介绍延胡索基源植物的形态和生物学特征，以及在全国范围内的生态适宜种植区；第三章和第四章为延胡索的栽培技术和特色适宜技术，对目前延胡索的栽培、采收和加工技术进行了系统的介绍；第五章和第六章为延胡索药材质量评价和现代研究与应用，简述了延胡索的药材学特点和药理作用，并对目前最新的科研成果进行了介绍。本书在编写过程中本着基础理论和生产实践相结合的原则，力求科学性、先进性和实用性。

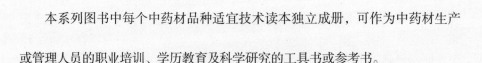

本系列图书中每个中药材品种适宜技术读本独立成册，可作为中药材生产或管理人员的职业培训、学历教育及科学研究的工具书或参考书。

感谢徐张凯、俞丁宁等在书稿整理过程中提供的帮助。

本书在编写过程中参考了大量论文和专著，主要参考文献选录于书后，但由于参阅文献较多不能全部列入，在此对上述相关参考文献的编著者一并表示诚挚的谢意！

由于编者的水平所限，书中疏漏之处在所难免，恳请读者不吝指正，以便作进一步修改。

编者

2017年12月

目 录

第1章

概　述

延胡索为罂粟科紫堇属植物延胡索（*Corydalis yanhusuo* W. T. Wang）的干燥块茎。夏初茎叶枯萎时采挖，除去须根，洗净，置沸水中煮至恰无白心时，取出，晒干。又称"元胡""玄胡"等，为著名的浙八味之一。主产于浙江、安徽、江苏、湖北、河南等地，生于丘陵草地，部分地区有引种栽培。

延胡索始载于《本草拾遗》："生于奚，从安东道来，根如半夏，色黄。"味辛、苦，性温。可活血，散瘀，理气，止痛。具有极高的药用价值，广泛用于治疗胸胁、脘腹疼痛、胸痹心痛、经闭痛经、产后瘀阻、跌扑肿痛等症。

经研究表明，延胡索中含有大量的生物碱类成分，其中原阿片碱、延胡索乙素、延胡索甲素为其主要的活性成分。随着对延胡索中生物碱的逐渐了解和试验，结合现代药理学研究表明，延胡索对心血管系统疾病有一定的治疗效果，对心肌细胞有保护作用，对冠状脉有扩张作用；对神经系统也有一定的作用，可镇痛、镇静、催眠；还可作用于消化系统，抑制胃液分泌，抗溃疡；此外，还有抗肿瘤、抗炎、抗菌、抗病毒等药理作用。目前临床上用于治疗冠心病、心律失常、胃溃疡等多种疾病。研究表明，延胡索通过配伍所制成的复方延胡索颗粒，在一定剂量时可有效抑制吗啡成瘾性，对吸毒者可能有促进康复的作用。

目前延胡索多为人工栽培，主产于安徽、江苏、浙江、陕西、湖北、河南等地，形成了浙江磐安和陕西汉中两大核心产区。延胡索种植在9月下旬到10

月上旬最为适宜，宜早不宜迟，次年5月上旬采收。延胡索作为常用药材，每年全国的需求量在5000吨左右，并且逐年递增。价格近几年也一直比较稳定。

延胡索目前采用块茎种植，其栽培技术及采收加工技术较为成熟。目前看来，能进一步提高产量的创新加工技术，如愈伤组织培养等，仍是今后栽培研究的主要方向。

图1-1 延胡索植株

第2章

延胡索药用资源

一、植物形态特征及分类检索表

延胡索为罂粟科紫堇属植物延胡索（*Corydalis yanhusuo* W. T. Wang）的干燥块茎。又称"元胡""玄胡"等，为著名的浙八味之一。多年生草本，高10～30cm（图2-1，图2-2）。块茎圆球形，直径1～2.5cm，质黄。茎直立，常分枝，基部以上具1鳞片，有时具2鳞片，通常具3～4枚茎生叶，鳞片和下部茎生叶常具腋生块茎。叶二回三出或近三回三出，小叶三裂或三深裂，具全缘的披针形裂片，裂片长2～2.5cm，宽5～8mm；下部茎生叶常具长柄；叶柄基部具鞘。总状花序疏生5～15花。苞片披针形或狭卵圆形，全缘，有时下部稍分裂，长约8mm。花梗长约1cm，果梗长约2cm。花紫红色。萼片小，早落。外

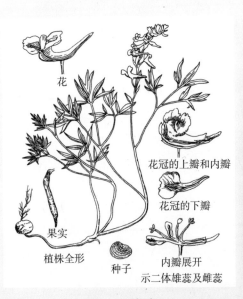

图2-1　延胡索

图2-2　延胡索植株

花瓣宽展，具齿，顶端微凹，具短尖。上花瓣长2～2.2cm，瓣片与花距上弯；距圆筒形，长1.1～1.3cm；蜜腺体约贯穿距长的1/2，末端钝。下花瓣具短爪，向前渐增大成宽展的瓣片。内花瓣长8～9mm，爪长于瓣片。柱头近圆形，具较长的8乳突。蒴果线形，长2～2.8cm，具1列种子。

主产于安徽、江苏、浙江、湖北、河南（唐河、信阳），生长在丘陵草地，有的地区有引种栽培（陕、甘、川、滇和北京）。延胡索块茎为常用中药材，含20多种生物碱，用于行气止痛、活血散瘀、跌打损伤等。

延胡索的主要栽培品种为延胡索，最早有记载发现的为齿瓣延胡索，产于东北。齿瓣延胡索于宋朝时南下引种至江苏茅山一带，并且逐渐在浙江等地发展起来，也被称为延胡索。齿瓣延胡索在野生状态下常与其他种延胡索（断面白色）混杂而生，采药者混而采之（表2-1）。

表2-1　不同栽培品种延胡索植物形态特征比较

品种	延胡索	齿瓣延胡索
叶	叶二回三出或近三回三出，小叶三裂或三深裂，具全缘的披针形裂片	叶通常2枚，二回或近三回三出，末回小叶变异极大，有全缘的，有具粗齿和深裂的，有篦齿分裂的，裂片宽椭圆形，倒披针形或线形，钝或具短尖
茎	茎直立，常分枝，基部以上具1鳞片，有时具2鳞片，通常具3～4枚茎生叶	茎多少直立或斜伸，通常不分枝；基部以上具1枚大而反卷的鳞片；鳞片腋内有时具1腋生的块茎或枝条；茎生叶腋通常无枝条
块茎	块茎圆球形，直径1～2.5cm，质黄	块茎圆球形，直径1～3cm，质色黄，有时瓣裂
生长特性	9月下旬播种后，在适宜的温度下开始萌芽出根，在次年1月下旬至2月上旬出苗	

齿瓣延胡索*Corydalis turtschaninovii* Bess.又名蓝雀花、蓝花菜，多年生草本，高10～30cm。块茎圆球形，直径1～3cm，质色黄，有时瓣裂。茎多少直立或斜伸，通常不分枝，基部以上具1枚大而反卷的鳞片；鳞片腋内有时具1腋生的块茎或枝条；茎生叶腋通常无枝条，但有时常见于栽培条件下的个体。茎生叶通常2枚，二回或近三回三出，末回小叶变异极大，有全缘的，有具粗齿和深裂的，有篦齿分裂的，裂片宽椭圆形，倒披针形或线形，钝或具短尖。总状花序花期密集，具6～20（～30）花。苞片楔形，篦齿状多裂，稀分裂较少，约与花梗等长。花梗长5～10mm，果期长10～20mm。萼片小，不明显。花蓝色、白色或紫蓝色。外花瓣宽展，边缘常具浅齿，顶端下凹，具短尖。上花瓣长约2～2.5cm；花距直或顶端稍下弯，长1～1.4cm；蜜腺体约占距长的1/3至1/2，末端钝。内花瓣长9～12mm。柱头扁四方形，顶端具4乳突，基部下延成2尾状突起。蒴果线形，长1.6～2.6cm，具1列种子，多少扭曲。种子平滑，直径约1.5mm；种阜远离。

主产于黑龙江、吉林、辽宁、内蒙古东北部、河北东北部，生于林缘和林间空地。朝鲜、日本和俄罗斯远东地区东南部有分布。

表2-2　延胡索分类检索表

1　蜜腺体末端急尖至渐尖。

　2　蒴果线形，具1列种子。

3　叶三出分裂；距长于瓣片；蜜腺体约贯穿距长的2/3··················

··临江延胡索*C. linjiangensis* **Z. Y. Su ex Liden**

3　叶2～3回三出分裂；距短于瓣片；蜜腺体约占距长的1/3或更短··········

···堇叶延胡索*C. fumariifolia* **Maxim.**

2　蒴果不为线形，具2列种子。

4　花梗约与苞片等长；内花瓣鸡冠状突起不伸出顶端。

5　花淡蓝紫色；内花瓣近紫色；下花瓣基部明显具囊；蒴果卵圆形至倒卵

形，长约1cm ·······················囊瓣延胡索*C. saccata* **Z. Y. Su et Liden**

4　花梗明显长与苞片；内花瓣鸡冠状突起伸出顶端。

6　苞片全缘或多数全缘；花淡蓝色至白色。内花瓣长5～8cm；果实椭圆形

至卵圆形，长6～10mm，常随纤细弯曲的果梗俯垂。

7　内花瓣鸡冠状突起半圆形，伸出顶端不多 ······················

··································全叶延胡索*C. repens* **Mandl et Muhld.**

7　内花瓣鸡冠状突起角状，伸出顶端很多 ·························

·················角瓣延胡索*C. repens var. watanabei* **(Kitag.) Y. H. Zhou**

6　苞片全缘或分裂，多数为顶端多少分裂，果期常增大；果实披针形至近

线形，长约2cm，直立或斜伸 ································

··································胶州延胡索*C. kiantschouensis* **V. Poelln.**

1　蜜腺体末端钝。

8　花细长，外花瓣瓣片不甚宽展；距漏斗状，渐窄；蜜腺体极短。

9　花长2～2.5cm；距约与瓣片等长或稍长；蜜腺体长1～1.5mm；外花瓣顶端微凹；蒴果披针形 ······················ **新疆元胡 *C. glaucescens* Regel**

9　花长3～4cm；距约长于瓣片2倍；蜜腺体长约5mm；外花瓣顶端渐尖；蒴果线形 ·················· **长距元胡 *C. schanginii*（ Pall.）B. Fedtsch.**

8　花较粗短；外花瓣瓣片较宽展；距圆筒形；蜜腺体通常占距长的1/2以上。

10　果宽卵圆形；小叶通常圆、全缘，具细长的叶柄和小叶柄；总状花序少花；花梗长15～40mm，明显长于苞片。

11　花蓝色或淡紫色，较大，长2cm；距长1.2～1.4cm；蜜腺约贯穿距长的3/4；内花瓣长7～8mm；总状花序具3～8花 ··························

·················· **小药八旦子 *C. candata*（ Lam.）Pers.**

11　花白色，较小，长1～1.2cm；距长5～7mm；蜜腺体占距长的1/3至1/2；内花瓣长4mm；总状花序具1～3花 ··························

·················· **土元胡 *C. humosa* Migo**

10　果线形；小叶形态多样；叶柄和小叶柄较粗短；总状花序具8～20花；花梗长5～15mm。

12　苞片分裂或多数苞片分裂；小叶形态各样。

13　茎较粗，直立，不分枝或仅鳞片腋内分枝；叶柄基部不鞘状宽展，有时具

腋生块茎；花蓝色；外花瓣瓣片具齿，顶端微凹处具短尖 ………………

…………………………………… **齿瓣延胡索*C. turtschaninovii* Bess.**

13　茎纤细萎软，基部常弯曲，分枝发自茎生叶腋；下部的叶柄鞘状宽展，无

腋生块茎；花紫红色。稀蓝色；外花瓣瓣片全缘，顶端凹陷处无短尖或不

明显短尖 ………………………… **北京延胡索*C. gamosepala* Maxim.**

12　苞片全缘或多数苞片全缘；小叶披针形，全缘；常具腋生块茎；花冠明显弯

曲，外花瓣通常具齿，顶端凹陷处具短尖 ………………………………

………………………… **延胡索*C. yanhusuo* W. T. Wang ex Z. Y. Su et C. Y. Wu**

二、生物学特性

1. 地下部分生长发育特性

延胡索地下部分主要分为根状茎、块茎和须根。在10月至11月初，块茎萌

发之后，根状茎就开始伸长，沿水平方向略向上生长。至11月下旬形成根状

茎第一个节，然后继续生长，长出第二个节、第三个节。到2月上旬基本形成

了整个根状茎。根状茎初期呈肉质，易折断，后期稍带纤维。其长度因种植

深度、土壤质地、母块茎大小而异，一般为3~12cm。每个母块茎长出根状茎

2~4根，每根具茎节2~5个。整个根状茎生长期约100天，其中生长最快的时

期是在12月至第二年1月。由于根状茎在块茎尚未出苗前就开始生长，必须及

早追肥，才能满足其对养分的需要。

块茎的形成有两个部分：一是地下茎节处膨大，形成块茎，俗称"子元胡"；另一个是播种用的块茎外部腐烂，在其内部重新形成块茎，俗称"母元胡"。两种块茎形成的时间不同。2月下旬母元胡形成后，子元胡才开始逐渐形成，其发育大约需要50天。3月下旬为子元胡膨大期，3月底至4月为块茎重量增长最快的时期。

2. 地上部分生长发育特性

地上部分在1月下旬至2月上旬出苗，花期一般在2～3月，幼苗期一般仅1枚叶片，以后逐渐增多（图2-3，图2-4）。植株后期地上茎可达10个以上叶片，叶片覆盖整个厢面，特别是在氮肥过多的情况下，茎叶过茂，虽块茎个数多，但是体积小，实际药用产量低。4月下旬至5月上旬地上部分枯死。地上部分的生长期在100天以下，但是延胡索的整个生长周期在200天以上。因此必须早施肥、早播种，才能保证植株的整个生长周期，尤其是早期对养分的需要。不能

图2-3　延胡索种植基地

图2-4　延胡索花期

因出苗迟，就推迟播种和追肥。植株地上部分比较娇嫩，未腐熟的肥料，在低浓度时也可对延胡索植株造成伤害。

3. 生长环境

环境条件能直接影响延胡索的生长发育及其生理活动。明确延胡索同自然条件的关系，制定正确的田间管理技术措施，对延胡索获得高产、稳产和提质增效具有重要的现实意义。

延胡索喜温暖湿润气候，但能耐寒，怕干旱和强光，生长季节短，对肥料要求较高，大风对其生长不利。

（1）土壤 延胡索对土壤要求不严格，以排水良好、土层疏松、腐殖质多的砂壤土为好。对气候要求也不严，忌高温多雨，苗期喜肥喜水，注意防止早春干旱。不宜连作，一般隔3～4年再种。宜选阳光充足、地势高燥、土层深厚、离水源近但排水良好的土地。黏性重或砂质重的土地不宜栽培。土壤酸碱度应以中性或微酸性为宜，但在pH 5～5.5的酸性土壤中亦能生长。延胡索的根系和块茎集中分布在2～20cm的表土层中。土质疏松，根系生长发达，根毛多，利于吸收营养。前作以玉米、杂交水稻、芋头、豆类等作物为好。前作收获后，及时翻耕整地，深翻20～25cm，做到三耕三耙，精耕细作，使表土充分疏松细碎，达到上虚下实、上松下紧、地平土碎，利于采收。畦宽一般1.0～1.1m，沟宽40cm，同时也要注意挖好排水系统，可提高土地利用率（图2-5）。

（2）光照　延胡索是喜光作物，应选择向阳土地栽培。主产区药农认为，"早晨阳光要照得早，下午阳光要阴得早，生长发育才良好"。光能促进延

图2-5　延胡索种植土壤与畦沟

胡索发芽，促进有效成分的积累。所以在生产中应选择好栽植密度、栽培方式和修剪量，充分利用土地空间和光照，才能既提高产品质量又获得高产。

（3）水分　水在植物的新陈代谢中起着重要作用，它既是光合作用不可缺少的重要因素，又是各种物质的溶剂，可使根部吸收的无机盐输送到地上各部分，把叶片制造的光合作用产物输送到根部，促进植株生长。延胡索是喜水植物，对水分的要求较高，要注意防止早春干旱。但同时也要注意排水，避免水分过多使田间积水，易导致根系呼吸作用减弱并且出现烂根。

（4）温度　延胡索喜温暖湿润气候，但能耐寒。在9月下旬播种之后，10月发芽，18～21℃为适宜温度。12月至来年2月份，块茎生长，以6～10℃为适宜温度。1月下旬至2月上旬出苗，7～10℃为适宜温度。2～4月，茎叶生长，以10～18℃为适宜温度。在不同地区进行延胡索栽培时，要注意相关的温度要求。温度对延胡索的生长发育有很大的影响，其光合作用、呼吸作用等都需要

一定的温度才可以正常进行。了解了根系生长、营养生长、生殖生长与温度之间的关系，就要根据根系生长发育规律及萌芽发叶、新梢生长、开花结果的规律合理安排田间管理，如在其生长开始前就要疏松土壤，增施肥料，改善营养状况，创造良好的立地条件和生长环境，为高产打好基础。

4. 生长因子

坡度、坡向、地势高低等是影响延胡索生长发育的重要因子。延胡索喜光照，忌积水，因此要选择向阳、地势高的地块种植。对前茬作物要求不严，但以玉米、杂交水稻、芋头、豆类等作物为好。灾害性天气也会直接影响延胡索的生长发育，造成产量、品质下降及经济损失。因此要时刻注意气象变化，提前做好应对措施。

三、地理分布

延胡索，以地下块茎入药。夏初茎叶枯萎时采挖，除去须根，洗净，置沸水中煮至恰无白心时，取出，晒干。为常用中药。具有活血、行气、止痛的功效。早在明朝之前，延胡索就已经在浙江进行了人工种植。延胡索的基原植物有延胡索、土元胡、齿瓣延胡索等，但是2015年版《中国药典》仅收载延胡索为来源，延胡索也是最主要的栽培品种（图2-6）。延胡索商品主要来源于家种，因其适应性强、生长周期短，所以产区分布广泛。目前已经形成浙江磐

15

安、陕西汉中两大核心产区，以及安徽宣城、江苏南通等小产区。浙江磐安是延胡索的传统道地产区，主要种植区域为磐安县、东阳市、缙云县、永康市。该产区延胡索产量较为稳定，约占全国总产量的22%。陕西汉中为近年来快速发展起来的新产区，也是目前延胡索的主要产区，种植区域为城固县、南郑县、

图2-6　延胡索栽培品种

黄安县等，目前已经占到全国总产量的70%。安徽宣城、重庆、江苏南通等地也有少量种植，但均没有形成较大规模，年产量约占8%。

　　除了上述人工栽培的产区之外，延胡索还有许多野生品种分布在全国各地，主要为以下几类：齿瓣延胡索*Corydalis turtschaninovii* Bess.，产辽宁、吉林、黑龙江、内蒙古、河北、山西、山东等省，生于路旁、林缘或疏林下。据清代李中立的《本草原始》记载，齿瓣延胡索是在明朝前后南下到如今的江浙一带被人工种植驯化的品种。新疆元胡*Corydalis glaucescens* Regel，产新疆北部（伊宁、巩留、新源、塔城），生于海拔1300～1800m的灌丛、林下和山坡。北京延胡索*Corydalis gamosepala* Maxim.，产辽宁、北京、河北、山东、内蒙古、山西、陕西、甘肃、宁夏等地，生于海拔1500～2500m的山坡、灌丛或阴

湿地。

在宋唐以前,延胡索主产于东北和华北,那个时候主要是齿瓣延胡索。在明朝前后,齿瓣延胡索南下到江苏茅山一带,随即很快传到了浙江省内,开始大规模的人工栽培。浙江磐安是延胡索的传统道地产区,但由于经济的发展以及浙江地理限制,如今陕西汉中成为新兴的产区,同时也是主要产区。

四、生态适宜分布区域与适宜种植区域

野生延胡索分布于辽宁、吉林、黑龙江、内蒙古、河北、山西、山东、新疆北部(伊宁、巩留、新源、塔城)、北京、河北、陕西、甘肃、宁夏等地。主要产区有浙江磐安、东阳、永康、缙云,陕西城固、南郑、黄安,江苏南通,安徽宣城等。

延胡索的栽培目前形成了浙江磐安和陕西汉中两大产区,以及安徽宣城和江苏南通等小产区,每年全国总产量为5000吨左右,陕西的年产量在3500吨左右,浙江在1400吨左右,剩下的主要来自小产区。

第3章

延胡索栽培技术

一、栽培品种概述

延胡索的主要栽培品种为延胡索，下面介绍延胡索的适宜生长环境以及相关特性。

1. 生态环境

温度：在地温23～25℃开始萌芽，18～21℃最适合生长。

降水：产区年降雨量在1350～1500mm，1～4月降雨量在300～400mm有利其生长。

酸碱度：土壤应以中性或微酸性为宜，但在pH 5～5.5的酸性土壤中亦能生长。

产地：浙江磐安（图3-1）、东阳、永康，陕西城固、南郑、黄安，江苏南通，安徽宣城等。

图3-1　浙江磐安延胡索种植基地

2. 栽培及生长特性

延胡索一般在9月下旬至10月上旬播种，如果到了11月才开始播种，会明显影响产量。9月下旬播种的延胡索，在适宜的温度条件下，10月上旬其块茎就会开始萌芽，块茎整个发芽时间需要一个月。当块茎完全萌芽后，地下茎就开始向地面伸长，到12月上旬能够形成第一个茎节，之后继续生长，长出第二个节，直至2月上旬基本形成了地下茎。地下茎一般长度1～2寸，每个块茎有地下茎3～4条，每条地下茎有2～5个茎节，整个地下茎生长期约80～100天，生长最快时期为12月上旬至次年1月。延胡索性喜温暖湿润气候，怕干旱，雨水要均匀，尤其是在块茎膨大期（即4月上旬），需要"三晴三雨"的天气。收获期在5月上、中旬比较好，选择在天气晴朗、土壤稍干的时候进行，可以较为容易地使块茎和土壤分离，操作方便，省工又易收净（图3-2）。

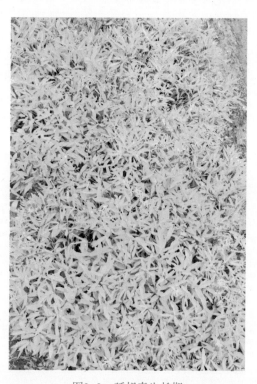

图3-2　延胡索生长期

二、种子种苗繁育

1. 繁殖材料

延胡索可用种子进行繁殖，繁殖系数较高，但是其药用部位收获年限较长，因此现在生产上基本都用块茎进行繁殖。块茎的繁殖力以及产量与种栽的年限有密切关系，过老的种栽繁殖力弱，产量也低。因此不宜选过老的块茎作种栽，选用当年新生的块茎（子元胡）作种用最好，一般以直径1cm左右、表皮无破损、干净新鲜优先。

2. 块茎繁殖

（1）块茎播种期　在生产上，为了追求产品的质量和数量，对于延胡索块茎的播种日期要求很严格。浙江、江苏等地一般在9月下旬至10月上旬播种，因为9月底到10月初这段时间，环境温度和湿度比较适合块茎萌芽，如果到了11月才开始播种，会明显影响产量。而在沈阳等辽南地区，由于气候差异，一般播种时间较早，通常在8月下旬至9月下旬。

（2）块茎质量分级

表3-1　延胡索块茎质量分级

检验指标	等级		
	Ⅰ	Ⅱ	Ⅲ
种茎净度（%）	≥98.00	≥95.00	≥92.00
种茎最大直径（cm）	≥1.85	≥1.5	≥1.00

以种茎最大直径和种茎净度作为分级指标（表3-1），通过种植培养，延胡索块茎的产量基本与等级乘正相关（Ⅰ等最佳），但是和延胡索块茎有效成分含量成反比，即Ⅰ级块茎产量最好、生长也较好，但是块茎的有效成分含量较

低；Ⅲ级产量最低、植株长势弱，但其有效成分含量较高。根据相关系数计算得出，Ⅰ、Ⅱ级块茎的产量相差不多，但是有效成分却有一定的差距，因此一般选择Ⅱ级块茎作为繁殖块茎，种茎净度≥95%，种茎直径为1.50～1.85cm。

需要注意的是，该结论是在控制各等级块茎均无病虫害、无表面损伤，以及不同等级的块茎栽培条件相同、种植地区相同的前提下，按照此分级指标得出的。

3. 种子繁殖

（1）种子评价　衡量种子品质的重要指标之一就是种子的重量，而种子的千粒重能反映出种子的饱满程度（表3-2），在实际生产中对于确定播种数量及计算出苗率具有指导意义。种子含水量的多少会在很大程度上影响种子的储存寿命和贮藏时间。种子净度是衡量种子质量的四大指标之一，检验结果为种子加工时选择合适的清选分级机械提供了参考依据，可以提高出苗率、减少杂草和其他植物的数量，节约劳动力和生产成本。

表3-2　延胡索种子千粒重、含水量及净度

植物名称	传播形式	千粒重（g）	含水量（%）	净度（%）
延胡索	蒴果	1.072 ± 0.013	17.43 ± 0.011	97.41 ± 1.841

（2）种子的贮藏　由于延胡索种子内含有一定量的萌发抑制物，只有适当

的保存，才能有效保证延胡索种子的萌发率。分别对室温干藏、5℃低温干藏、室温沙藏5个月后的种子进行活力检验表明，室温沙藏的种子活力最高，是三种贮藏方式中的最佳选择。

三、延胡索块茎质量控制

药效的关键在于药材的品质及质量。植物药材取药用植物的全株或部分器官，主要通过其中的活性成分来发挥作用，这些物质多是药用植物在生长过程中产生的代谢物质（次生代谢产物居多）。这些有效成分的含量以及变化和药材的生长环境密切相关，土壤更是药材生长发育的"精神所在"。土壤不仅关系到植物的营养供应，还能直接影响植物的氧气、水分等供应，因此植物的生长与土壤的理化性质、pH值、微生物、矿质元素等有重要关系，这些因素会影响药用植物次生代谢产物的合成。此外，控制中药材的生长环境，也是避免药材出现重金属含量过高、农药残留等问题的重要手段。

1. 重金属离子污染

（1）铜离子污染　铜离子是延胡索生长必需的微量元素，但是土壤中铜离子过量会导致延胡索地下块茎生物量减少。

当铜离子浓度为350mg/kg时，延胡索块茎的鲜重和干重出现大幅度下降，与铜离子浓度为0mg/kg时相比，鲜重减少了58.62%，干重减少了72.71%，对延胡素的产量造成了极大的影响。主要是由于铜离子的增加影响了延胡素中叶绿素的含量，导致延胡素的光合作用减弱，光合产物减少。延胡素本身对于铜离子浓度的升高有一定的耐受性，当铜离子浓度为150mg/kg时，叶绿素含量略有上升，但若长期处于高浓度铜离子中，还是会对延胡素的生长发育造成影响。

（2）镉离子污染　镉离子是一种毒性非常强的重金属离子，倘若在延胡素中富集，会导致延胡素的药效及生物活性成分降低，同时也可能使镉离子进入人体内，导致人镉离子中毒。

当镉离子浓度为500mg/kg时，延胡素块茎的鲜重和干重大幅度的减少，与镉离子浓度为0mg/kg时相比，鲜重减少了56.51%，干重减少了35.49%，对于延胡素的产量造成了极大的影响。镉离子主要也是影响延胡素块茎叶绿素的含量，导致其光合作用减弱，虽然延胡素本身对镉离子的耐受性较好，但若延胡素内镉离子浓度过高，会对人体健康造成一定的影响，这种延胡素块茎也无法通过国家相关检测。

2. 农药残留

我国是中药材生产大国，然而中药产品的总出口额却仅占世界药品销售量的1%，其中一个重要的原因就是农药残留问题。虽然有机氯农药已被禁用，但目前在中药材中仍有检出。拟除虫菊酯类农药与有机氯农药相比具有高效、低毒、低残留等优点，是一类广谱杀虫剂，在近些年的中药材检测中也有发

现，该类农药的残留水平也较高。农药残留问题使我国的中草药现代化和国际化发展严重滞后，同时也危害广大消费者的健康。

3. 防范措施

根据相关研究，施用一定程度的钾肥能够减轻铜离子污染的毒害作用，但是钾离子浓度不可过高也不可过低，一般为200mg/kg最佳。此外，在选择种植地的时候，要避开矿场或者金属工厂等，这些工厂周围的土壤通常会重金属离子超标，同时周边水质和大气也可能不符合标准。

从规范化生态种植方面减少农药的使用，可以使用"绿色疗法"——采用微生物等控制病虫害及连作障碍。微生物肥料不仅对延胡索的产量、质量增幅较大，还会使有益微生物占据有利地位，而且能明显控制连作障碍。另外，也需要对其加工生产等环节进行控制，避免在这些过程中受污染。种植户们也要自觉遵守国家的相关规定，不要使用违规农药。

要按照国家相关标准要求控制外在环境因素，才能使延胡索药材的质量得到保证。

四、栽培技术

1. 规范化种植基地的选择与整理

种植基地应选在土壤、水质、大气等都符合国家标准的地方，也要远离主干道路，同时采光和排水良好，且距离水源较近、方便灌溉。

延胡索以块茎入药，宜选择土层深厚、富含有机质的黄砂壤土进行种植，土壤的酸碱度应以微酸性或者中性为宜。延胡索忌连作，一般隔3～4年再种。前作最好是玉米、芋头或者豆类等农作物。前作收获后要及时翻耕整地、耕翻灭茬、三犁三耙，做到表土疏松、地平土碎、上虚下实，以保证延胡索块茎能够顺利地萌芽。犁后耙前，一般每亩施50担已充分发酵腐熟的猪栏肥，亦可每亩增施钾肥、磷肥约20kg。

为了避免积水，需要挖好排水系统，深翻土地8寸左右，平整地面，做成畦宽1～1.6m、沟宽33cm、沟深20cm的畦，畦面呈龟背形，根据地势不同也可采用高平畦，畦要一头略高于另一头（图3-3）。

图3-3　延胡索种植基地整地

2. 播种

（1）播种前注意事项　延胡索用块茎进行播种，种苗以当年新生的地下块茎为最好。将沙贮的种苗（块茎）按大小进行分档和挑选，剔除伤茎和老茎，选择直径1.2～1.6cm的块茎较为合适，过大成本高，过小生长差。

为了提高延胡索块茎的播种成功率，可以在播种前一周左右适度保温保湿，促使其萌芽。播种时，将催芽的种苗均匀撒播在之前翻耕好的沟内，每两株之间的距离2～3cm比较合适，防止植株过密，影响光合作用，但太稀也会影响每亩的产量。播种后用铁耙覆细碎土，将沟填平，使沟内种苗保持在2cm左右的深度，过深过浅都不利于块茎的生长。同时将土轻轻拍平，稍加镇压，防止由于各种因素导致露籽。由于延胡索喜潮湿，可在播种区上再覆盖一层潮湿稻草，如逢天干，可在稻草上喷水，保湿要不少于一周。约10天后即可去除稻草，以便幼苗开始地下茎的形成和生长。

（2）播种方式　播种方式可分为条播、撒播、穴播和硬板田直播。

①条播：用扁平的四齿铁耙，沿畦向沟边开播种沟，沟深约5cm。块茎按5～7cm间距排放在种沟的两旁，然后每亩施磷肥50kg、钾肥70kg，施于种沟中间，盖上猪牛栏肥。第一条沟种好后，再开第二条沟，将土覆盖于第一条种沟块茎的栏肥上，再按同法播种。依次种好，最后整理畦沟、畦面，畦面呈龟背形即可。

②撒播：田地平整后，用锄头或铁耙把畦面的表土向畦间面扒开，深度约5cm，均匀撒上磷、钾肥，再将块茎按6cm×8cm的株行距均匀撒于畦面，盖上猪牛栏肥，最后把扒到沟上的土盖在畦面上，厚约8cm。

③穴播：用小锄头开穴，穴距10cm×10cm，深约6cm，每穴放块茎2～3粒，粒距3cm左右，焦泥灰覆盖后再整畦覆土。

④硬板田直播：种延胡索的田块在前作物采收后，应将不平的地面略整平，按畦宽1～1.3m，沟宽0.4～0.5m划线后放置延胡索块茎，株行距和所施基肥同条播。然后将畦沟的土打碎均匀地盖在畦面上，厚度约8cm。

3. 田间综合管理

（1）苗床保护　延胡索播种后，人畜均不能在苗床上走动，防止践踏伤苗，直到生长成熟都应坚持，必要时应用篱笆隔开。

（2）锄草　延胡索根系分布较浅，地下茎又沿表土生长，通常不适合中耕松土，以防止伤害到地下茎。但锄草要及时进行，做到勤拔草、拔小草，也可用尖竹片辅助除草。一般拔草四次，第一次在刚刚出苗时进行，以利出苗；第二次在2月中旬；第三次在3月中旬；第四次在清明前后。及时拔除杂草、保持田间清洁，能促进植株生长。

（3）灌溉与排水　延胡索下种和追肥后，若3天内无雨水，应人工灌溉，促进种子对肥力的吸收。雨水过多时应及时疏沟排水，千万不能有田间积水，会导致块茎和根系腐烂。天气干旱，对延胡索的生长也不利，特别在清明前后，那时是地下块茎的迅速膨大期，保持一定湿度对延胡索药材最终的产量和质量尤为重要（图3-4）。每次灌溉，水宜慢灌急退，不能使灌水在田间停留时间过长，更不能过夜，俗称"跑马水灌溉"。

（4）越冬防寒　严冬寒冷，可在苗床上面撒草木灰，既作追肥，又利松

图3-4　保持延胡索种植土壤湿度

土，还能达到保温抗寒的目的。

（5）适度施肥　延胡索的生长周期较短，如果已经施足基肥，除追灰肥保温之外，一般不用再施肥。若基肥不足，可以在立冬前后适量施猪栏粪或人粪尿，或每亩用尿素10kg，加钾肥5kg左右，撒施，并在上面覆盖有机肥，以薄土覆盖，促使地下茎生长旺盛，多分枝。宜雨天撒施或施后灌溉。若出苗后发现缺肥（一般表现为幼苗出土后呈淡红色），可施春肥，每亩施硫酸钾复合肥5~7.5kg，雨前施或施后灌溉，或用尿素兑水追肥。为了丰产，可喷施氨基酸微量元素肥料或海藻素类叶面肥，进行根外追肥。

（6）摘花打蕾　如果有部分二年生块茎混作种苗时，生长周期中会出现花蕾，应及时摘除，避免消耗养料，影响块茎的生长发育。一年生块茎一般不开花，无需作特殊处理（图3-5）。

图3-5　延胡索田间管理

4. 病虫害防治

（1）霜霉病　一般3月上旬开始发病，4月下旬为发病盛期。其病菌以卵孢子在病残组织上过冬。发病初期在叶面上形成褐色小点，后连成不规则的褐色病斑，密布全叶。湿度较大

图3-6　延胡索霜霉病

时，在病斑背面出现灰白色霜霉状物，最后叶色逐渐发黄，枝叶褐色，干枯死亡（图3-6）。

防治方法：

①选用无病块茎作种，去除带菌病块。

②采收时清除残枝枯叶，减少病源。

③注意开沟排水，降低田间湿度。

④适当增施磷酸钾，提高植株抗病力。

⑤忌连作，与禾本科植物轮作。

⑥乙磷铝喷雾防治，第一次于3月上旬喷40%乙磷铝可湿性粉剂，浓度为150～250倍液，以后每隔10～15天一次，连续3～4次。喷药时注意叶的正面和背面都要喷到。遇晴天、露水干后喷药效果更佳。如喷后2天内下雨，应重新

施用。

⑦70%甲基硫菌灵500倍液加50%代森锰锌可湿性粉剂500倍液喷雾、70%嘧霉胺可湿性粉剂1500倍液加69%烯酰·锰锌800倍液喷雾、72%霜脲·锰锌可湿性粉剂、甲霜灵锰锌等都可作为霜霉病的防治药剂。

⑧选择抗霜霉病的延胡索品种，目前已选育出对霜霉病有一定抗性，且优质高产的延胡索变种，为抗逆新品种的培育和后续开发工作奠定了基础。

（2）菌核病　延胡索菌核病俗称"鸡窝瘟""搭叶烂"，主要危害延胡索的茎基部和叶片，是导致其倒伏减产的主要原因。3月中旬开始发病，4月为发病盛期。早春季节，地势低洼、排水不良和氮肥过多会加重发病。发病时近表土茎基产生黄褐色的病斑，后期湿度大，茎基软腐，植株倒伏，呈现大面积的"鸡窝状"倒伏。受害叶初期呈椭圆形水渍状病斑，后期变青褐色。严重时可导致植株成片死亡，土表布满了白色棉絮状菌丝和鼠粪状菌核。致病菌以菌核形式残留在土壤中或混杂在延胡索块茎中度过夏冬季节，来年初春，菌核萌发为子囊盘，散发出子囊孢子，借助气流传播侵染延胡索植株。在高湿环境下，核盘菌菌丝匍匐地表，向四周扩展蔓延，不断扩大侵染范围。种植密度过大、偏施氮肥和排水不良的地块更易发病。

防治方法：

①水旱轮作，降低田间湿度，增施磷、钾肥。

②清除病株、病土。

③用1∶3石灰与草木灰混合撒施,控制发病中心蔓延。

④3月中旬用30%菌核素800倍液或65%的代森锌600倍液进行喷雾,每5~7天一次,连续4次。

（3）锈病　延胡索锈病俗称"黄斑病",主要危害延胡索的叶片及茎,产生淡黄色至褐色的锈斑（图3-7）。一般在3月开始发病,4月危害严重。发病时,初期叶片、叶柄和茎秆发生不规则凹隐,叶面初现圆形或不规则的绿色病斑,略有凹陷;叶背稍微隆起,产生一种橘黄色的胶状物,破裂后可散出大量锈黄色的粉末,进行再侵染,导致全叶枯死。如病斑出现在叶尖或边缘,叶边发生局部卷缩,最后病斑变为褐色穿孔,整张叶片枯死。

图3-7　延胡索锈病

防治方法:

①发病初期用97%敌锈钠400~500倍液喷洒。

②苯醚甲环唑10%水分散粒剂1500倍液喷洒。

③三唑酮15%可湿性粉剂800~1000倍液喷洒。

④加强田间管理,降低田间湿度,减轻发病。

（4）地老虎　属鳞翅目夜蛾科，主要有小地老虎和黄地老虎，以幼虫为害，咬断根茎（图3-8、图3-9）。

图3-8　小地老虎幼虫　　　　　　　图3-9　小地老虎成虫

防治方法：

①白天可在被害植株根际或附近表土下进行捕杀。

②用90%美曲膦酯（敌百虫）1000～1500倍液灌穴毒杀。

（5）象甲　象甲是造成延胡索大幅减产的重要害虫（图3-10），主要症状是幼虫先在叶片上蛀吃形成褐色线形虫道，然后进入叶柄自上而下蛀吃，造成整片叶青枯。覆有栏肥或其他秸秆等有机物的田块、连年种植的田块危害偏重。2月下旬至4月上旬1～2龄幼虫危害叶片率达3%～5%的田块，需立即进行防治。

防治方法：用48%氯吡硫磷1000倍液或52.25%农地乐1000倍液进行除虫，但是用药不能超过2次。

图3-10　象甲

五、采收与产地加工技术

1. 采收

延胡索的正常收获期在5月上旬（立夏）前后，但由于此时恰好是水稻落谷的时间，可能会导致水稻不能正常种植。因此为了尽量错开时间，通常提前一周，在5月1日前收获延胡索，对产量影响不大。如果之后不再种植水稻，或者农作物的播种期有足够的时间，可以在立夏后5～10天收获。

采收延胡索时要注意延胡索是否处在短期休眠状态，若子叶枯萎，停止生长，则可以进行采收。这时采收的延胡索更加饱满，质坚、色黄、内色黄亮。收获的日子最好选晴天、土壤干燥时进行，此时块茎和土壤容易分离，省工又易收净。收起的块茎不宜放在太阳下曝晒，会影响加工，应在室内摊开晾晒去除水气。

一般的采收方法是：从地的一端开始，用爪钩顺垄挖12～20cm深的土，逐一将延胡索挖出。起挖时尽量小心，谨防伤破。这个方法费工费时，每亩大约需要15个劳动日，小块茎漏收较多。有药农改进为挖土过筛法，即沿着种植的那一行田垄进行掘土，连根带泥过筛，提高了速度，每亩采挖仅需5个劳动日即可，且小块茎漏收大为减少。为了方便选种和加工，可以在采收时直接用分隔筛分成两级，筛孔直径1.2cm。分隔开后，拣去泥块和杂草，按大小分别装

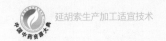

入筐内。在分档后的块茎中，先选出种栽，过小的块茎不能作药用，可继续栽种。然后在室内摊开，阴干约半个月，使其充分后熟、水分蒸发。然后将装块茎的筐放入水中，用脚踩或用手搓块茎表皮，洗净泥沙，并将水沥干，以便后续加工。

2. 加工

（1）水煮法　延胡索块茎采收后洗去泥土，待锅里的水煮开后、水中大气泡上升时，将块茎倒入锅内，以浸没块茎为度。边煮边搅动，使其受热均匀。大块茎煮4～6分钟，小块茎煮3～4分钟。将延胡索块茎横切，至切面四周呈黄色、中心还有如米粒大小白心时，即可捞起，晒干。一锅水连续煮2～3次后要换水，这样块茎外表色泽较好。最后将煮好的块茎摊在竹帘或干净的水泥地上曝晒，块茎要摊得均匀且不能太厚，还要勤翻动，晒3～4天后，要放在室内还潮一次，再晒2～3天即可干燥。如遇阴雨天可在50～60℃的烘房内烘干。

（2）蒸制法　延胡索块茎采收后洗去泥土，在锅里加入足量的水，上边放置竹制的蒸屉（也可用不锈钢的容器），然后加热。待锅里的水煮沸后，将洗净的延胡索块茎放入蒸屉内，大块茎蒸约8分钟，小块茎蒸约6分钟。将延胡索块茎横切，至切面四周呈黄色、中心还有如米粒大小白心即可，然后晒干。

（3）硫黄熏蒸法　延胡索块茎采收后洗去泥土，将洗净的延胡索块茎装入编织袋内，放置在离地40cm左右的木架上，下放1只盛硫黄的铁桶，点燃，上盖2层塑料薄膜，漏一小孔，保证新鲜空气能够进入，以免塑料膜内因缺乏氧气而使硫黄熄灭。过2～3小时检查，避免硫黄耗尽或者火熄灭，要保持硫蒸气充满整个空间。连续熏蒸48小时后，取出延胡索块茎并用清水冲洗块茎表面残留的物质，然后晒干。

（4）生晒法　延胡索块茎采收后洗去泥土，直接在太阳下晾晒，直至晒干。

（5）微波法　将延胡索放进微波炉，用功率60%的火力微波加热10分钟，取出，放冷，切片，干燥至水分低于15%。

表3-3　不同加工方法对延胡索药材的影响

加工方法	延胡索乙素含量（%）	折干率（%）	横切面质地	横切面颜色
水煮法	0.0954	34.25	有光泽	肉色
蒸制法	0.1111	34.36	有光泽	肉色
硫黄熏蒸法	0.1002	40.00	粉性	黄色
生晒法	0.0784	39.06	粉性	黄色
微波法	0.1144	34.33	有光泽	肉色

六、延胡索炮制工艺

炮制是把中草药原料制作成药物的过程，是加强药物效用、减除毒性或副作用、使其便于贮藏和服用的方法。控制好炮制的过程、选择适当的工艺，是

保证延胡索药材质量的重要条件。

1. 醋制法

现在延胡索炮制方法多为醋制法，用醋煮、醋蒸、醋炒和醋炙的方法使其成为醋延胡索。古人总结用醋炮制延胡索的理论为"醋制入肝，增强止痛作用"，延胡索醋制后的有效成分及药效都有所增强。

（1）醋煮法　生延胡索的炮制一般用20%醋煮4～6小时，取出后于60℃下烘干。炮制晒干或烘干的延胡索时，一般加入规定量的醋（醋：药材为1：5）和适量的水，用文火煮至透心，水干时取出，60℃下烘干。在醋煮的过程中，要把握时间，如果煮的时间过长，可能会造成有效成分的破坏或流失，如延胡索中季铵碱类水溶性生物碱经长时间醋煮会大量流失。

（2）醋蒸法　将洗干净的延胡索或延胡索片用10%～20%的醋拌匀，焖润过夜至醋被药材完全吸收，放置锅内隔水蒸至透心，然后取出烘干。也有将洗干净的延胡索粉碎成粗粒，置于容器内，按延胡索：醋为5：1的比例湿润过夜使醋被充分吸收，之后置于高压消毒柜内蒸制1小时后取出，烘干即可。这种将延胡索先粉碎成粗粒再加醋焖润的改进加工方法，使醋能够充分渗透其中；其次将延胡索放在高压消毒柜中蒸制，既避免了醋酸的挥发，又使醋酸蒸汽在密闭容器内循环反复，进一步增强了醋酸在延胡索内部的渗透。

（3）醋炒法　质地坚硬的生延胡索在醋炒时要先用水进行湿润，然后切片，再用醋炒。干燥的延胡索在醋炒时，也要先加适量的水浸润24小时，切片后加定量的醋（醋：药为1∶5）焖润至醋液吸尽，放在锅内文火炒至微干，取出于60℃下烘干。在炒的过程中要注意温度不宜过高，因为温度过高容易造成醋的挥发，使醋很难渗透进延胡索片内，同时高温下延胡索内的有效成分也容易遭到破坏。

（4）醋炙法 将延胡索以40%的醋拌后，浸润2小时，70℃烘干。还有一法，取一定颗粒度的延胡索置于通风烘箱内，80℃烘至深黄色，再升温至100℃加热10分钟，取出，趁热拌入20%的食醋焖润4小时，70℃烘干。

2. 酒制法

酒制是中药最为常见的一种炮制方法。中药酒制会导致药理作用发生改变，可使中药的药效增强。酒制时除特别规定外，一般用黄酒，既可使药材的味道香郁，又能增加药效。酒作为良好的有机溶媒，在医疗上应用甚广，能兴奋中枢神经系统、加强血液循环，也易于延胡索中有效成分的溶出。延胡索酒制法的应用可追溯到明朝，在明朝的《医学入门》《本草正义》中就有酒煮法、酒磨法的记载；明《增补万病回春》中有酒炒法；明《本草乘雅半偈》中增加了酒蒸法；清《类证治裁》中有酒焙法等。延胡索炮制的方法不同，其作用也不同。《得配本草》中记载："破血生用，调血炒用，行血酒炒，止血醋炒。"可见延胡索酒制后会使活血的作用增强。

（1）酒炙法　选取大小均匀的延胡索片，加入黄酒拌匀，按照每100kg净药材配黄酒20kg的比例，焖润至酒被充分吸收后，放置锅内用文火加热炒干，取出放凉。

（2）酒炖法　选取大小均匀的延胡索片，加入黄酒拌匀，放在密闭容器内炖透或至黄酒完全被吸尽时，取出干燥。用量同酒炙法一样。

（3）酒蒸法　选取大小均匀的延胡索片，加入黄酒拌匀，放在容器内加热蒸透，然后取出干燥。用量同酒炙法一样。

（4）酒醋双蒸法　醋制延胡索中的醋酸易挥发，不宜被长时间保存。酒醋双制法弥补了醋制法的不足，便于保存。取净延胡索，加定量的酒、醋及适量的水（每100kg延胡索，用黄酒10kg、醋20kg），拌匀，用文火煮至透心，直至酒醋液被吸尽时取出，干燥即可。酒醋制后的延胡索呈黄褐色，味苦，略带酒醋气。

3. 盐制法

中药盐制最早的记载始于宋。食盐味碱性寒，具有凉血、清火、解毒、防腐的作用。李时珍在《本草纲目》中记载："盐为百病之主，百病无不用之，故服补肾药用盐汤者，咸归肾，引药气入本脏也；补心药用炒盐者，心苦虚以咸补之也；补脾药用炒盐者，虚则补其母。"盐水在药材中具有很强的穿透力，提高了药物有效成分的溶解度；其次经盐制的药物，不仅缓和了药物燥热之性，还能引药下行。常用的中药盐制法有盐炙法、盐炒法、盐水蒸、盐水煮等。

（1）盐炙法　取净延胡索用盐水拌匀，焖透，置锅内用文火炒至规定的程度，然后取出，放凉。每100kg净药材用食盐2kg。

（2）盐炒法　这种方法始于宋代，自明代以后就很少使用。取净延胡索放置锅内，加盐用文火炒至规定程度。盐炒后大多要去盐使用。在2005年版《中国药典》中也有此种方法的记载。

（3）盐水蒸　取净延胡索加适量盐水拌匀，焖润至盐水被完全吸收后，放置蒸具上用水蒸气加热至规定程度。

（4）盐水煮　此种方法始于南北朝时期。取净延胡索放置锅内，加定量的盐和清水，文火煮至盐水被吸尽为止。这种方法在盐制法中使用较为广泛，如吴茱萸、乌头、干姜、木瓜、天南星等许多药材都用盐水煮进行炮制。

4. 小结

鲜品延胡索在产地一般都要用沸水煮至内无白心，这个过程可使延胡索质地变硬且角质样。延胡索鲜品直接进行醋炙、醋煮、酒炙，可保证延胡索炮制品中去氢紫堇碱含量较高，而鲜品水煮后再炮制可使延胡索乙素含量较高，两种方式对原阿片碱含量影响不大。延胡索鲜品直接炮制过程中，由于鲜品经晾干至一定程度后其质地疏松无角质样，从而利于辅料的吸入，因此，也可以考

虑延胡索产地加工和炮制一体化处理的操作方式。

七、留种

留种地的选择最好在收获前进行，提前观察，选择生长健壮、无病害的地块作为种子地。种子地收获后，要选体重齐、倒苗晚、生活力强、扁球形、淡黄色、无霉烂、无病害、无伤疤、当年新生的中等块茎（1.4~1.6cm）作种用，剔除有黄褐外衣的母块茎。

选好的延胡索种茎应摊于室内，吹风2~3天，待表面泥土发白时再贮藏。不可过分风干，以防块茎失水，影响抽芽发根。选干燥阴凉室内，用砖或木板围成长方形（长度不限，宽1.2~1.5m），在地上铺10~12cm的细沙或干燥细泥，其上放块茎20~25cm，再盖12~15cm沙或泥。放过化肥或盐碱性物质的地，不宜贮藏。每15天检查1次，发现块茎暴露，要加盖湿润沙或泥，发现块茎霉烂，要及时翻堆剔除。

小规模生产者也可用竹箩贮藏延胡索种茎，箩筐底先放一层稻草，加上一层细土，然后放种茎；再加一层土，再放种茎，最后再盖一些泥沙，将竹箩置于室内阴凉通风处。大量时可用砖垒法。贮存期间要注意勤检查，防止霉烂、鼠咬。用种量每亩30~35kg（鲜品）。

八、延胡索组织培养技术

1. 延胡索愈伤组织诱导

据相关研究，高浓度盐分的培养基有利于愈伤组织的生长，选择MS作为基本培养基。当NAA 2mg/L与KT 1～2mg/L结合使用时，一般在半个月后，幼苗的地下茎段或新块茎即出现愈伤组织。愈伤组织开始为淡黄色或近白色，逐渐变为黄色或橙黄色，最后至褐色，呈细沙状，疏松、易碎。在生长后期产生根，并在愈伤组织表面形成多数颗粒状小球体，有的小球体上长出一条根，并有根毛，有的愈伤组织内部形成块茎样结构，切面呈黄色。

2. 延胡索愈伤组织的分化能力

植物激素的种类及组合，会影响愈伤组织的分化能力。当NAA 2mg/L、KT 1mg/L，或NAA 2mg/L、KT 2mg/L时，都可以产生根和小球体结构。愈伤组织在NAA 2mg/L、KT 1mg/L、LH 50mg/L的培养基上，不经转移，在2个月后，除产生根外，还能长出具长柄的叶，分化成苗。

3. 延胡索愈伤组织产生生物碱的能力

从愈伤组织中提得的总碱与从生药中提得的总碱，在乙醇中有相似的紫外吸收光谱（用Z10A型紫外分光光度计测定）。对生长在MS培养基上的愈伤组织，进行总碱的定量测定，其总碱含量为0.19%～0.7%，同时测得原生药总碱

含量为0.45%。通过调节培养基成分及培养条件可提高愈伤组织的生物碱含量。

4. 延胡索块茎的再形成

从地下茎诱导愈伤组织，在前几代的培养物中，有明显的分化现象，除淡黄色愈伤组织外，在生长后期还有根形成，在愈伤组织表面可形成小球体，有的小球体长出一条根，并有根毛。愈伤组织内部形成块茎样结构。当在MS+NAA 2mg/L+KT 1mg/L培养基上培养时，随着继代培养时间的延长，培养物均为淡黄色疏松的愈伤组织。把不分化的愈伤组织转移到MS或改良H培养基，加BA1、2、4或BA2、4并加GA4的培养基中，均能诱导块茎组织的形成，块茎常埋在培养基内，其表面为愈伤组织，有芽点形成，有时抽出叶片，但细弱，表明单独加BA或BA与GA配合都能促进块茎的形成。相比之下，BA和GA配合更有利于块茎的形成。将块茎组织继代培养，可以不断增殖，40天左右可增重1倍多。植物激素相同的条件下，在MS和H培养基上，块茎组织的生长不同，在MS培养基上，块茎组织周围形成少量愈伤组织，在H培养基上全部形成块茎样组织，表面凹凸，呈颗粒状结构，二者块茎表面都有芽点。高浓度无机盐的MS对块茎形成似乎不利，而H培养基利于块茎的形成。因此，延胡索的组织培养可分两步进行，第一步用高无机盐的培养基，促进细胞大量增殖，第二步用低无机盐的培养基，促进块茎组织的形成，同时产生延胡索生物碱。

第4章

延胡索特色适宜技术

一、延胡索块茎优化培育技术

延胡索既可以用块茎繁殖，也可以用种子繁殖。但是种子繁殖的培育时间较长，结实率较低，效益不高，生产上主要还是以块茎营养繁殖为主。所以在延胡索的生产过程中，块茎的培育显得十分重要。比如延胡索生长过程中遇到涝灾，田间积水，没有及时清沟排水会影响块茎生长；在施肥时，如果过多或者过少施肥，都会影响块茎的生长，降低药材的产率；再比如保存块茎时，没有及时处理虫害等，会造成块茎的质量下降。因此在延胡索生产过程中应通过优化技术来保证培育和保存好优质的块茎。

1. 选地与整地

延胡索为浅根系作物，喜温暖气候和向阳、湿润的环境。所以延胡索栽培应以阳光充足、土壤疏松而富含腐殖质的砂质壤土和冲积土为好，若是在平原地区，则应该选地势高且排水良好的田地种植，黏性重会导致排水不良，砂质重会导致腐殖质缺少，这样的土地不适合栽培。延胡索的根系集中分布在13~16cm表土层中，其根系较为发达，根毛较多，有利于养分的吸收，故在早秋作物收后要及时翻耕整地，使表土充分疏松。前作以水稻、小麦、秋玉米、瓜类为佳。不宜连作，一般要隔3~4年后才能再次种植。每亩施腐熟厩肥2000~2500kg，饼肥200kg作为基肥。深翻20~25cm，做到三犁三耙，精耕细作，使表土充分疏松细碎，达到上松下紧的要求，有利于发根抽芽和采收。作畦，畦宽1～1.3m，沟宽40cm，沟深以有利于排水为准，畦面呈龟背形（图4-1）。

图4-1　水稻与延胡索轮作整地

2. 栽种

延胡索的繁殖方式以块茎的营养繁殖为主，但种子也可以繁殖，需要培养3年后才能提供种用块茎。

（1）品种选择　不同地区有不同的种植经验，如陕西汉中市种植大叶型和小叶型两个品种，这两个品种内在成分没有很大区别，但当地农户根据经验会选择大叶型品种，因为其增产潜力较大、抗病性较强。

（2）块茎选择　宜选中等大小（1.2～1.6cm）、芽部健壮、饱满、无病虫害的块茎。

（3）下种期　通常在9月下旬至10月中旬进行，因延胡索地上部分生长期短（仅80天左右），下种宜早不宜迟，过迟的话会导致显著的减产，所以要合理安排前后播种的作物。

（4）播种方法　播种的方式有条播、撒播、穴播三种，其中以条播为首选，因其有利于田间管理。播种前将选好的种茎摊晾1～2天，再将每千克种

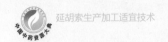
子用50%多菌灵可湿性粉剂80g兑水40L浸泡30～40分钟，沥干水后再进行播种，这是一种优化的灭菌方式，可以降低病害的发生。种植密度以每亩50kg为宜。栽种时在整好的畦面上按行距20cm左右开5～6cm深的沟，然后在沟内按株距8～10cm，将种茎交互排放成2行，芽向上，边排种边覆土，覆土深度为5～6cm，最后轻轻刮平畦面。

3. 田间管理

（1）除草　由于延胡索的根系分布较浅，地下茎又沿着表土向上生长，一般不宜中耕松土，避免伤害地下茎。但除草要及时进行，一般除草3～4次，在2月至4月中旬进行。或在入冬后通过覆盖稻草，减少杂草生长（图4-2）。

图4-2　覆盖稻草抑制草害

（2）排水灌水　在多雨季节要及时清沟排水，切忌田间积水，延胡索生长要求湿润环境，在干旱时节要及时灌水保持土壤湿润，灌水应在晚间进行，水不能淹过畦面，次日早晨放水。在清明节前后，地下茎迅速膨大，此时保持一定湿度尤为重要。

4. 施肥

不同的施肥水平对于延胡索的产量和质量有着很大的影响，施肥量过低会导致产量、质量下降，而施肥量过高会导致养分过剩浪费，故对施肥水平的衡量就显得十分重要。一般施肥的原则是：施足基肥，重施冬肥，巧施苗肥，配合施用磷钾肥。

5. 病虫害防治

延胡索培育过程中常受到多种病虫害的危害，影响延胡索的产量和质量。其中危害较为严重的病害包括霜霉病、菌核病、锈病等，虫害主要有小地老虎、白丝虫等。要坚持"预防为主，综合防治"的原则，优先使用农业防治措施，减少农药残留对药材的污染。

6. 块茎采收与管理

延胡索一般适合在5月上中旬采收，此时的折干率高。选择晴天，在土壤半干燥状态下进行，此时延胡索块茎和泥土容易分离，操作方便。收获时先将畦面上的杂草除掉，然后先浅翻，一边翻土一边拣取块茎，随后再深翻一遍，敲碎泥块，收净地下块茎，最后再全面耙一遍，拣净块茎。块茎必须保持一定的干燥（含水量小于12%）才能安全贮藏。收起的块茎先摊开在室内通风处晾数天，等到块茎表皮稍干时，进行沙藏，在阴凉、干燥的泥地上铺一层8～10cm的细沙，压实后铺1层种茎，再铺上1层细沙，直到看不见种茎，最

后撒上一层草木灰并覆盖树枝以防鼠害。注意防止吸潮及虫害，发现应及时处理。若发现块茎霉烂，要及时翻堆剔除。忌在同屋存放化肥和农药。

二、延胡素林药间作模式

近年来的实践证明，延胡素能与一些成龄林木进行间作，充分利用土地资源和光温资源，解决了延胡素与林木之间种植的矛盾，既保证了延胡素的种植规模，又确保了林木及其产物的规模，提高了种植的效益。发展林药间作是适应农业和经济发展，建立自然环境下形成的"无公害药品行动"的重要组成部分，这种高产高效的林药间作种植模式，是一种被提倡的可持续发展模式。

比如延胡素与桑树的间作模式，选择地势较高、排水性好、土壤疏松且有机物含量高的桑园，在中秋桑叶采收后，进行行间翻耕整畦。以9月下旬至10月中旬为适宜下种期，在桑园整好的畦面上按行距20cm左右开5～6cm深的沟，株距5cm左右。桑树的遮阴效果，可以保持土壤的湿润。5月上旬，当地上部分植株枯萎后，晴天收获，先浅翻，一边翻一边拣块茎，而后再深翻一次，拣净块茎。延胡素为浅根系作物，所以在收获时不会对桑树的根产生损害。收获后的块茎，再在适宜条件下加工或贮存。

间作种植的成龄林木还可以选择柿子树、枣树等发芽较晚的果树。结合我国生态林业的持续性发展和退耕还林的实施，发展林药间作必将是一条保护生态并兼顾农民长期、短期效益的互利共赢途径。

三、新栽延胡索地膜覆盖技术

延胡索播种后，覆盖聚乙烯白地膜，在完全出苗后（3月初）揭除覆盖物，有利于延胡索提早出苗，且枯萎迟，延长了地上部分的生长时间，有利于为地下块茎的生长提供更多的营养物质，对提高产量有较好的促进作用。这是因为地膜能改变地面的水、肥、气、热状况，创造了对于延胡索来说相对优越而稳定的生态条件。

影响延胡索生长的因素之一是温度，块茎被埋在地下，所以地温对于延胡索的培育来说是至关重要的。只有地温达到了块茎吸收养分、生长发育的要求，延胡索才能成活。有试验证明，采取地膜覆盖技术比不采取任何覆盖物的措施，保持的地温较高，延胡索长势旺，产量也较高，是优化延胡索栽培、提高产量、增加经济效益的一个重要方法，可以在生产上使用（表4-1）。

表4-1　不同覆盖方式对延胡索产量的影响

处理	最大块茎鲜重（g）	子延胡索数（个/株）	单株鲜重（g）	产量（kg/hm²）
裸地	2.12	5.00	5.65	6102.45
地膜覆盖	3.21	6.33	7.71	7292.55
玉米秸秆覆盖	2.94	7.04	7.04	7190.10

四、浙中地区延胡索–甜玉米–水稻药粮三熟种植模式

浙中地区属亚热带季风性气候，温和湿润，光照充足，总体气候条件优越，在发现延胡索–水稻二熟种植模式存在一定的耕地空闲时间后，近年来，当地的一些延胡索产区，在延胡索生长后期套种一季甜玉米，形成或延胡索–甜玉米–水稻三熟的种植模式，保证了延胡索和水稻的种植规模和产量，同时增收甜玉米，每亩地收入可增加2000多元，将土地资源利用最大化，提高了经济收入（图4-3）。

图4-3　延胡索–水稻轮作基地

甜玉米播种时间大致安排在4月下旬，套栽玉米每亩地栽种3500株左右，一般1m宽的畦面在中间间隔50cm套栽2行玉米，株距30cm左右。延胡索与甜玉米共生时间大致为15天，延胡索在5月上中旬、植株枯萎后5天左右收获。收获的同时，进行甜玉米的中耕除草并少量施苗肥。若两者共存时间超过15天，则要在甜玉米成活后就给甜玉米轻施1次苗肥，再选择晴天收获延胡索同时给甜玉米进行中耕除草，对甜玉米进行田间管理。

第5章

延胡索药材
质量评价

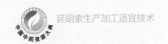

一、本草考证与道地沿革

1. 唐宋时期

延胡索始载于唐《本草拾遗》，仅载："延胡索，止心痛。"五代《海药本草》载："生奚国（河北承德及内蒙古、辽宁毗邻地区），从安东道（辽宁、河北东北部及内蒙古东南部）来。"宋《开宝本草》将其收为正品，载："延胡索，味辛、温，无毒。主破血，产后诸病因血所为者，妇人月经不调，腹中结块，崩中淋露，产后血晕，暴血冲上，因损下血，或酒摩及煮服。生奚国。根如半夏，色黄。"唐慎微《证类本草》也沿袭上述记载。陈藏器撰写《本草拾遗》为公元739年，即唐开元年间。此时安东都护府府址在平州，辖境相当今河北陡河流域以东、长城以南地区，西北部与"奚"接壤。由此可以推断，唐宋时期所记载的延胡索主要来源于今天的东北地区。

2. 明清时期

延胡索药材的应用情况发生了变化。明代《本草品汇精要》中"道地"一栏新增"镇江为佳"。同时代的弘治《句容县志》土产栏也载有延胡索。句容位于江苏省西南部，属于镇江府。说明明代时，镇江成为延胡索的一个新产区。《本草蒙筌》载延胡索所附药材图中注明了"茅山玄胡索"和"西延胡索"。茅山山脉主体分布于句容县内，可见茅山玄胡索与上述《本草品汇精要》

中记载的镇江产延胡索一致。《本草纲目》谓："今二茅山西上龙洞种之，每年寒露后栽，立春后生苗，叶如竹叶样，三月长三寸高，根丛生如芋卵样，立夏掘起。"据考，江苏茅山地区所产延胡索即罂粟科植物延胡索*C. yanhusuo* W. T. Wang，也就是明代记载的"茅山延胡索"。"今二茅山西上龙洞种之"说明明代延胡索在江苏句容已被发展为人工种植。而西延胡索在《本草原始》中有记载。由此可见，自明代以来，延胡索产地由东北南移至江苏茅山一带，"茅山延胡索"与"西延胡索"并称于世，并以茅山延胡索质量为佳。清《本草乘雅半偈》记载："今茅山上龙洞仁和笕桥亦种之。寒露前栽种，立春后生苗……叶必三之，宛如竹叶……根从生，状似半夏。"清《本草述》中也载："今二茅山上龙洞，仁和笕桥亦种之。"其中"仁和"是杭州的旧称。由此可见，清代延胡索的种植已从江苏西南部的茅山一带扩展到浙江杭州一带。综上所述，明清时期以江苏茅山产延胡索为道地。

3. 民国时期

民国时期，延胡索产区主要记载在浙江一带。《药物出产辨》（1930）载："延胡索……产浙江宁波府。"《中药材手册》（1959）载："主产于浙江东阳、磐安、缙云、永康等地。"《药材资料汇编》（1959）载："玄胡是浙江省主要药材出产之一，主要以东阳和磐安两地出产为大宗。"《中药材产销》载："浙江的东阳为著名产地；磐安、缙云、永康为主产地。"综上所述，从民国至今，延胡索主要为栽培品,主产于浙江中部的东阳、缙云、磐安、永康等地,是浙江道地药材"浙八味"之一(图5-1)。

图5-1　延胡索栽培品种

二、药典标准

本品为罂粟科植物延胡索*Corydalis yanhusuo* W. T. Wang的干燥块茎。夏初茎叶枯萎时采挖,除去须根,洗净,置沸水中煮至恰无白心时,取出,晒干。

【性状】　本品呈不规则的扁球形,直径0.5～1.5cm。表面黄色或黄褐色,有不规则网状皱纹。顶端有略凹陷的茎痕,底部常有疙瘩状突起。质硬而脆,断面黄色,角质样,有蜡样光泽。气微,味苦。

【鉴别】(1)本品粉末绿黄色。糊化淀粉粒团块淡黄色或近无色。下皮厚壁细胞绿黄色，细胞多角形、类方形或长条形，壁稍弯曲，木化，有的成连珠状增厚，纹孔细密。螺纹导管直径16～32μm。

（2）取本品粉末1g，加甲醇50ml，超声处理30分钟，滤过，滤液蒸干，残渣加水10ml使溶解，加浓氨试液调至碱性，用乙醚振摇提取3次，每次10ml，合并乙醚液，蒸干，残渣加甲醇1ml使溶解，作为供试品溶液。另取延胡素对照药材1g，同法制成对照药材溶液。再取延胡索乙素对照品，加甲醇制成每1ml含0.5mg的溶液，作为对照品溶液。照薄层色谱法（《中国药典》2015年版四部通则0502）试验，吸取上述三种溶液2～3μl，分别点于同一用1%氢氧化钠溶液制备的硅胶G薄层板上，以甲苯-丙酮（9：2）为展开剂，展开，取出，晾干，置碘缸中约3分钟后取出，挥尽板上吸附的碘后，置紫外光灯（365nm）下检视。供试品色谱中，在与对照药材色谱和对照品色谱相应的位置上，显相同颜色的荧光斑点。

【检查】 水分 不得超过15.0%（《中国药典》2015年版 通则0832第二法）。

总灰分 不得过4.0%（《中国药典》2015年版 通则2302）。

【浸出物】 照醇溶性浸出物测定法（《中国药典》2015年版 通则2201）项下的热浸法测定，用稀乙醇作溶剂，不得少于13.0%。

【含量测定】 照高效液相色谱法（《中国药典》2015年版 通则0512）测定。

色谱条件与系统适应性试验 以十八烷基硅烷键合硅胶为填充剂；以甲醇-0.1%磷酸溶液（三乙胺调pH 值至6.0）（55：45)为流动相；检测波长为

280nm。理论板数按延胡索乙素峰计算应不低于3000。

对照品溶液的制备 取延胡索乙素对照品适量,精密称定,加甲醇制成每1ml含46μg的溶液,即得。

供试品溶液的制备 取本品粉末(过三号筛)约0.5g,精密称定,置平底烧瓶中,精密加入浓氨试液-甲醇(1∶20)混合溶液50ml,称定重量,冷浸1小时后加热回流1小时,放冷,再称定重量,用浓氨试液-甲醇(1∶20)混合溶液补足减失的重量,摇匀,滤过。精密量取续滤液25ml,蒸干,残渣加甲醇溶解,转移至5ml量瓶中,并稀释至刻度,摇匀,滤过,取续滤液,即得。

测定法 分别精密吸取对照品溶液与供试品溶液各10μl,注入液相色谱仪,测定,即得。

本品按干燥品计算,含延胡索乙素($C_{21}H_{25}NO_4$)不得少于0.050%。

饮片

【炮制】 延胡索 除去杂质,洗净,干燥,切厚片或用时捣碎。

本品呈不规则的圆形厚片。外表皮黄色或黄褐色,有不规则细皱纹。切面黄色,角质样,具蜡样光泽。气微,味苦。

【含量测定】 同药材,含延胡索乙素($C_{21}H_{25}NO_4$)不得少于0.040%。

【鉴别】【检查】【浸出物】 同药材。

醋延胡索 取净延胡索,照醋炙法(《中国药典》2015年版 通则0213)炒

58

干，或照醋煮法（《中国药典》2015年版 通则0213）煮至醋吸尽，切厚片或用时捣碎。

本品形如延胡索或片，表面和切面黄褐色，质较硬。微具醋香气。

【含量测定】 同药材，含延胡索乙素（$C_{21}H_{25}NO_4$）不得少于0.040%。

【鉴别】【检查】【浸出物】 同药材。

【性味与归经】 辛、苦，温。归肝、脾经。

【功能与主治】 活血，行气，止痛。用于胸胁、脘腹疼痛、胸痹心痛、经闭痛经、产后瘀阻、跌扑肿痛。

【用法与用量】 3～10g；研末吞服，一次1.5～3g。

【贮藏】 置干燥处，防蛀。

三、质量评价

1. 规格等级

根据原国家医药管理局、中华人民共和国卫生部制订的药材规格标准，延胡索可分为2个等级。一等：干货。呈不规则的扁球形。表面黄棕色或灰黄色，多皱缩。质硬而脆。断面黄褐色，有蜡样光泽，味苦微辛。每50克45粒以内。无杂质、虫蛀、霉变。二等：干货。呈不规则的扁球形。表面黄棕色或灰黄色，多皱缩。质硬而脆，断面黄褐色，有蜡样光泽，味苦微辛。每50克45粒以

外。无杂质、虫蛀、霉变。

　　浙江省、陕西省延胡索地方标准按净度、粒度、不完善块茎率、外观等对延胡索进行分级，以上地方标准均结合了《中国药典》，对各地所产延胡索中延胡索乙素、水分、总灰分、醇溶性浸出物及重金属的含量等做出了限定。调查发现，浙江省、陕西省、安徽省等地关于延胡索规格等级的划分尽管主要还是依据其外观形态（大小、颜色等），但已由原来的粒度尺度转变为直径大小来衡量延胡索的外观形态，由于这种方式更易于量化，广泛被人们所认可。

　　目前市场上，划分延胡索商品规格等级的方法逐渐演变为以产区定规格（道地和非道地产区）、以块茎大小定等级的方法。陕西省及安徽省将延胡索分为3个等级，一等（直径>1cm）、二等（直径<1cm）、统货。浙江省的分级较为详细，特等（直径>1.2cm）、一等（直径1~1.2cm）、二等（直径0.8~1cm）、三等（直径<0.8cm）、统货（图5-2至图5-6）。而饮片在市场上，通常分为选货和统货（图5-7，图5-8）。

图5-2　延胡索特等货

图5-3　延胡索一等货

图5-4 延胡索二等货

图5-5 延胡索三等货

图5-6 延胡索统货

图5-7 延胡索饮片选货

图5-8 延胡索饮片统货

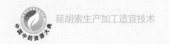

2. 延胡索质量控制的研究进展

目前，中药材市场上关于中药商品规格等级的标准并不完善，传统"辨状论质"的评价方法，仍被广泛使用，该方法具有简单易行的特点，但同时也存在一些弊端，无法客观正确地评价中药材的内在质量。人们的传统观念认为直径大的延胡索等级高，售价高，且道地产区的药材质量优于非道地产区的药材。通过实验数据表明，不同产区之间的延胡索质量有显著性差异。道地产区的醇溶性浸出物及延胡索乙素含量均较高，与传统道地产区药材质量优于非道地产区的观念相一致，说明以产区划分延胡索商品规格具有一定的合理性。

中药鉴定是中药质量控制的基础与关键，也是中药生产、资源开发和利用的依据。延胡索的定性鉴别有高效液相色谱法（HPLC）、薄层色谱法、紫外分光光度法、红外分光光度法、傅里叶变换红外光谱法（FT-IR）等。目前主要用的还是HPLC法。

中药的药效是多种活性成分相互作用的结果，所以对中药成分的质量评价相当重要。HPLC法因具有操作简便、快速、准确可靠等特点，作为主要的延胡索生物碱测定方法，而得到广泛的应用。

中药指纹图谱在评价中药质量方面的作用较为突出，越来越被人们所接受。中药指纹图谱首先通过指纹图谱的特征性，能有效地鉴别样品真伪，其次通过其主要特征峰的面积和比例，能有效控制样品的质量、保证质量相对稳定。以该方法为核心对中药进行综合评价，并通过多种质量控制方法，可完善中药的鉴定及质量评价系统。

通过多种质量评价、成分检测的方法。有实验发现，来源于不同栽培区，或者来源于同一栽培区不同种植地的延胡索中尿苷、鸟苷、腺苷及总量的含量不相同。这些不同的原因可能来自于栽培技术、田间管理的不同。这也提示了我们需要加深对于延胡索栽培技术的研究，以确保生产出来的延胡索在拥有高产量的同时具有高质量。浙江磐安、浙江东阳及其周边地区产延胡索的品质优于其他产地，进一步支持了浙江磐安、浙江东阳为我国延胡索道地产区的传统认识。不同等级延胡索中尿苷、鸟苷、腺苷及总含量的量相近，差异不明显，这说明延胡索的等级与核苷的含量无关。

第6章

延胡索现代研究与应用

一、化学成分

生物碱是延胡索的主要成分。从延胡索中分离并经过结构鉴定的生物碱已达40多种，大部分为异喹啉类生物碱，少部分为其他类型。异喹啉型生物碱可分为叔胺、季胺类生物碱，叔胺碱不溶或者难溶于水，约占0.65%；而季胺碱较易溶于水，约占0.3%。其中有延胡索甲素（*d*–corydaline）、延胡索乙素（tetrahydropalmatine）、原阿片碱（protopine）等。其类型又分别属于原小檗碱类、阿朴啡类、原阿片碱类、异喹啉苄咪唑类、异喹啉苯并菲啶类、双苄基异喹啉类等，其中以原小檗碱类居多（表6–1）。

表6–1　延胡索中的生物碱类成分

类型	名称	分子式
	延胡索乙素（tetrahydropalmatine）	$C_{21}H_{25}NO_4$
	延胡索甲素（*d*–corydaline）	$C_{22}H_{27}NO_4$
	去氢延胡索甲素（dehydrocorydaline）	$C_{22}H_{24}NO_4$
	小檗碱（berberine）	$C_{20}H_{18}NO_4$
	氢化小檗碱（canadine）	$C_{20}H_{21}NO_4$
	巴马汀（palmatine）	$C_{21}H_{22}NO_4$
原小檗碱类	*dl*–四氢黄连碱（*dl*–tetrahydrocoptisine）	$C_{19}H_{17}NO_4$
	黄连碱（coptisine）	$C_{19}H_{14}NO_4$
	L–四氢非洲防己碱（*L*–tetrahydrocolumbamine）	$C_{20}H_{23}NO_4$
	非洲防己碱（columbamin）	$C_{20}H_{20}NO_4$
	延胡索庚素（corybulbine）	$C_{21}H_{25}NO_4$
	异紫堇球碱（isocorybulbine）	$C_{21}H_{25}NO_4$

续表

类型	名称	分子式
原小檗碱类	元胡宁（yanhunine）	$C_{21}H_{25}NO_4$
	L–四氢黄连碱（L–tetrahydrocoptisine）	$C_{19}H_{17}NO_4$
阿朴啡类	海罂粟碱（glaucine）	$C_{21}H_{25}NO_4$
	去氢海罂粟碱（dehydroglaucine）	$C_{21}H_{21}NO_4$
	去甲海罂粟碱（norglaucine）	$C_{20}H_{23}NO_4$
	N–甲基樟苍碱（N–methyllaurotetanine）	$C_{20}H_{23}NO_4$
	d–异波尔定（d–isoboldine）	$C_{19}H_{21}NO_4$
	去氢南天竹啡碱（dehydronantenine）	$C_{20}H_{19}NO_4$
	d–南天竹啡碱（d–nantenine）	$C_{20}H_{21}NO_4$
	d–唐松草坡芬（d–thaliporphine）	$C_{20}H_{23}NO_4$
	d–鹅掌楸啡碱（d–lirioferine）	$C_{20}H_{23}NO_4$
原阿片碱类	普鲁托品（protopine）	$C_{20}H_{19}NO_5$
	α–别隐品碱（α–allocryptopine）	$C_{21}H_{23}NO_5$
异喹啉苄咪唑啉类	saulatine（暂无中文名）	$C_{22}H_{23}NO_6$
异喹啉苯并菲啶类	二氢血根碱（dihydrosanguinarine）	$C_{20}H_{15}NO$
双苄基异喹啉类	比枯枯灵（bicuculline）	$C_{20}H_{17}NO_6$
其他	狮足草碱（leonticine）	$C_{20}H_{25}NO_3$
	延胡索菲碱（coryphenanthrine）	$C_{21}H_{25}NO_4$

除此之外，延胡索中还有大量淀粉，少量多糖、羟链霉素、豆甾醇、谷甾醇、延胡索酸、棕榈酸、油酸、亚油酸、亚麻酸、亚油烯酸、10-二十九碳醇等；并含有皂醇类、黏液质、树脂、皂苷类和一些无机元素等。利用硅胶、氧化铝吸附柱色谱、凝胶柱色谱和ODS反相吸附柱色谱等分离方法对延胡索85%的乙醇提取物进行化学成分研究，从中共分离得到18个化合物。利用等离子发射光谱法对延胡索及其水煎液的无机元素进行分析，其中含有人体必需的14种

元素，Fe、Zn、Mn的含量较高，提示我们延胡索活血、理气、止痛的作用可能有与这些无机元素有一定的联系。

二、药理作用

自古以来人们就发现延胡索具有很强的活血化瘀、行气止痛的效果。现代药理研究也表明延胡索具有较好的镇痛、镇静、降压和抗心律失常的作用。其中原小檗碱类及原阿片碱类，临床研究证明其具有活血、行气、镇痛的作用；原阿片碱及去氢紫堇碱等能明显的保护机体，防止幽门结扎和阿司匹林诱发的胃溃疡，还能抑制胃液的分泌；延胡索总生物碱对缺血性心肌也具有保护作用。

（一）对中枢神经系统的作用

1. 镇痛作用

延胡索辛散温通，既能活血化瘀又能行气止痛，所以从古至今一直被当作止痛的良药，被誉为中药中的"吗啡"。其镇痛的主要活性物质为生物碱，延胡索总碱、延胡索甲素、延胡索乙素、延胡索丑素、延胡索癸素均有镇痛作用，其中以延胡索乙素的止痛作用最强，而延胡索甲素、延胡索丑素次之。延胡索的止痛效价仅为阿片的1/100。目前认为延胡索的镇痛作用机制可能是：抑制网状结构的激活系统；阻滞纹状体和伏膈核的D2受体，使纹状体亮氨酸脑啡肽含量增加，通过脑啡肽、内啡肽神经元作用于中脑导水管周围灰质（PAG），再通过PAG–延髓外侧网状旁巨细胞核–脊髓背角神经通路，抑制痛觉从脊髓水平的传入，从而发挥镇痛作用；l–THP能够改变体内Ca^{2+}的流动，从而影响多种囊泡相关和膜相关蛋白间的相互作用，并影响神经末梢突触囊泡释放神经递质，因此离子通道相关蛋白功能或含量的改变可能与l–THP的镇痛作用相关；延胡索乙素对大鼠慢性压迫背根节神经元形成的慢性腰背痛的镇痛作用研究发现，其可抑制神经元异位自发放电并且具有剂量依赖性，这一结果提示延胡索乙素抑制自发放电可能是延胡索抑制周围神经系统的疼痛机制之一。

2. 镇静催眠作用

大量的药理研究实验证明，较大剂量的延胡索乙素对动物有明显的催眠作用，延胡索乙素能降低小鼠自发与被迫运动，同时可阻断脑干网状结构的一些下行性功能，抑制条件反射。延胡索乙素和丑素均能加强巴比妥催眠的作用，对于小量苯丙胺产生的兴奋具有拮抗的作用，对于大量苯丙胺可以降低毒性。延胡索丑素的镇静作用比延胡索乙素弱。延胡索中的海罂粟碱能延长可溶性环己烯巴妥或水合氯醛引起的睡眠时间，从而起到促进睡眠的作用。

（二）对心脑血管的作用

据《雷公炮炙论》记载："心痛欲死，速觅延胡。"这说明很早开始延胡索已用于治疗心腹诸痛。现代药理研究认为：延胡索具有扩张冠状动脉、增加冠状动脉血流量、抗心律失常、改善心肌供氧、增加心输出量等药理作用。

1. 扩张冠脉血管

延胡索醇提取物有显著的扩张兔心和在体猫心的冠状血管的作用。通过扩张冠脉血管，使冠状动脉的血流量增加、动脉血压降低、总外周血管阻力减小，从而降低心脏后负荷，在不明显增加左心室内压的情况下，增加每搏输出量，同时降低心肌耗氧，从而改善心肌的供血供氧情况。另外，延胡索提取物（主要活性成分是延胡索乙素）还能降低兔胸动脉条张力，对去甲肾上腺素引起的动脉条收缩有解痉作用。

2. 抗心律失常

延胡索碱预处理可以降低大鼠心肌缺血再灌注室性心律失常，可显著缩小大鼠心肌缺血再灌注的心肌梗死面积，对缺血再灌注心肌损伤有保护作用。延胡素还能抑制受损心肌细胞的凋亡。

3. 心肌细胞的保护作用

去氢紫堇碱（DHC）能显著地抑制心肌Ca^{2+}浓度的增加，降低RyR基因的转录和表达，从而降低心肌细胞内Ca^{2+}的作用，达到保护心肌的目的。延胡索碱药物可提高心肌细胞钠钾泵、钙泵活性，从而促进钠钾离子的交换，抑制心肌细胞内钙离子过多，保护缺血再灌注引起的心肌损伤。

4. 对脑缺血–再灌注损伤的保护作用

延胡索乙素能明显减轻缺血再灌注对脑电活动的抑制，可以抑制缺血再灌注导致的脑组织钙离子的聚集，可以减轻缺血再灌注对脑组织的病理性损害，还可抑制缺血再灌注时脑组织乳酸脱氢酶的活性，使酶释放减少，同时使外周血乳酸脱氢酶活性增加，这对于局部的缺血再灌注引起的脑部损伤具有保护作用。延胡索乙素还能减少再灌注后脑组织脂质过氧化产物丙二醛（MDA）的生成，使脑组织超氧化物歧化酶（SOD）活性明显升高。

（三）对消化系统的作用

延胡索中的一些成分对实验性胃溃疡有保护作用，其有效成分主要为延胡索乙素、去氢延胡索甲素和原阿片碱，这些成分能减少胃酸分泌量并降低胃酸的酸度，抑制胃蛋白酶原转化为胃蛋白酶，轻度抑制了胃蛋白酶的活性，对幽门结扎性溃疡、应激性溃疡和组胺溃疡等多种原因诱发的胃溃疡有明显的保护作用，但对利血平引起的溃疡无效。

（四）对内分泌的作用

延胡索乙素对大鼠脑下垂体分泌促肾上腺皮质激素（ACTH）具有促进作用，也可以明显抑制低温刺激引起的ACTH的释放。延胡索乙素还可影响甲状腺的功能，使甲状腺的重量增加。延胡索对寒凝血瘀证也有治疗效果，其可以促进机体甲状腺-肾上腺素-性腺轴功能，增强内分泌系统功能，从而调整寒凝血瘀证机体基础代谢低和内分泌系统功能不良的病理状态。

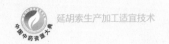

（五）抗肿瘤作用

延胡索中具有抗肿瘤作用的主要是延胡索总生物碱，其在体外能够明显的抑制肿瘤细胞增殖，药理机制可能是延胡索总生物碱可以诱导细胞凋亡、改变细胞周期时相分布、改变部分肿瘤细胞miRNA表达谱有关。

实验证明不同浓度的延胡索总碱均能诱导MKN-228细胞凋亡。分离延胡索生物碱并测定其对肝癌细胞的体外细胞毒性，发现延胡索脂溶非酚性生物碱组分对肝肿瘤细胞杀伤活性力最强。用MTT法测定延胡素和其他中药抗肿瘤活性，当莪术和延胡索的比例为3∶2时，抑制肿瘤细胞增长的效果最好，通过促进细胞色素C的释放，大大降低了p-ERK的水平，但此比例不影响肿瘤细胞的周期。

（六）抗炎、抗菌及抗病毒作用

去氢延胡索碱能够抑制小鼠耳肿胀，抑制毛细血管的通透性，从而具有一定的抗炎活性。延胡索乙素可通过阻断蛋白激酶磷酸化从而抑制炎症介质IL-8的分泌。左旋延胡索乙素也具有抗炎作用，其能降低LPS诱导的细胞间黏附分子-1（ICAM-1）和E-selectin的表达。延胡索氯仿提取物能够抑制镰刀属、平脐蠕孢属、炭疽菌属等细菌的活性。而延胡索生物碱还能抑制HIV-1反转录酶的活性，从而起到抗病毒的作用。

（七）提高抗应激能力

延胡索总碱能提高小鼠的抗疲劳能力及耐缺氧能力，从而提高了机体的抗应激能力。

（八）戒毒作用

条件性位置偏爱实验（Conditioned Place Preference，CPP）是目前评价药物精神依赖性的经典实验模型，也是评价药物对防治作用的常用手段。延胡索水提物和L-THP都可以加速吗啡CPP消退，即治疗精神依赖，对于防治阿片类药物及海洛因等毒品成瘾性的效果比较好。同时延胡索对中枢神经系统具有镇痛和镇静催眠作用，刚好与戒断症状中的疼痛、失眠以及焦虑的临床表现相克制，可以减轻患者对阿片类药物及海洛因等毒品在生理上和心理上的依赖。延胡索一直是中医戒毒的常用药，随着中药现代化的发展和对中药研究的深入，延胡索日后在中药戒毒方面的应用会更加广泛。

（九）其他作用

延胡索总生物碱能够抗小鼠衰老，增强记忆功能，还抑制乙酰胆碱酯酶活力，从而维持神经系统功能的正常，增强超氧化物歧化酶和过氧化氢酶的活力，恢复机体抗氧化能力，增强机体清除自由基的能力。延胡索还有肌肉松弛作用，将延胡索及其炮制品配川楝子后，对大鼠肠道平滑肌活动有抑制作用。

三、应用

1. 慢性胃痛

慢性胃痛包括消化性溃疡、慢性胃炎等疾病，其临床表现以慢性上腹部疼痛为主，常伴腹胀、嗳气、反酸等症状，一般需经胃镜检查予以确诊。在辨证方中加入延胡索60g，白芍30g组成的药对，对于此类情况有较好的疗效。白芍具有缓急止痛、养血柔肝的作用，临床选用白芍与延胡索配伍，可以大大加强其止痛效果。

2. 胸痹

胸痹主要是以胸部闷痛，甚至胸痛彻背，喘息不得卧为主症的一种疾病，相当于冠心病心绞痛。古人创立瓜蒌薤白系列方，在临床辨证中，加入延胡索60g，瓜蒌30g。延胡索有活血化瘀、行气止痛的作用，鉴于其功效，大量加入，一般不能少于60g。瓜蒌为历代治疗胸痹的传统用药，其宽胸散结、清热化痰的作用较好。治胸痹关键在于治瘀治痰，两者配合有异曲同工之妙。近代研究证明延胡索能扩张冠状动脉，增加冠脉血流量，抑制血小板聚集，抗血栓，抗心律失常，改善心肌供氧的作用。瓜蒌经近代研究证明，也具有较好的扩张冠状动脉作用，对心肌缺血有明显的保护作用，并有较好的降血脂作用。对部分患者经西药扩管治疗后，心电图指标恢复正常，但胸痛胸闷仍存在的冠心病患者，常用瓜蒌薤白系列方合血府逐瘀汤加延胡索可以获得不错的疗效。

3. 胆囊炎

胆囊炎，证属中医胁痛的范畴，多为肝胆之气郁结，疏泄失常，郁而化热，热与湿蕴积于胆腑，湿热气滞而导致的疼痛。延胡索具有较强的理气化瘀止痛的功效，并有利胆作用，大黄清热化瘀，利胆通腑，将两者配伍合用则大大加强了效果。延胡索剂量一般为90g，大黄一般为30g。在辨证用药中，可用大柴胡汤加延胡索，更好地起到利胆清热、理气化瘀止痛之目的。延胡索与大黄同用，可促进胆管舒张功能，疏通胆管和微细胆小管内的胆汁瘀积，可减少胆囊及胆管压力，而减轻疾病。

4. 顽固性神经性头痛

顽固性神经性头痛大多属于血瘀范畴，中医有久病必瘀之说。延胡索与川芎均为活血化瘀之要药，民间有"不怕到处痛得凶，吃了玄胡就要松"之说。川芎上行头巅，为治头痛之要药。临床用延胡索60g，川芎20g治疗顽固性神经性头痛。在配方中，以通窍活血汤合川芎茶调散为基本方，融入重剂延胡索川芎，是治疗头痛取得疗效的关键，两者配伍使用效果十分突出。延胡索除止痛之外，还有较好的镇静催眠作用及安定中枢松弛头部肌肉的作用。川芎具有抑制血管平滑肌收缩、增加脑的血流量及镇静作用。

5. 痛经

痛经，指经行小腹疼痛，伴随月经周期而发作，痛剧者甚至还伴有呕吐等症状。中医认为痛经大多由于气滞血瘀、气机不利、经血运行不畅所致，当理气化瘀止痛，用延胡索与当归配对治疗痛经，出于膈下逐瘀汤，延胡索剂量可适当增加到60～90g，当归15g，一般用药后15分钟即可出现镇痛作用，并能维持2～5小时，延胡索治疗痛经的有效标准是药量，一般在60g以上才能有效。延胡索治疗痛经的机制主要是解痉和镇静作用；而当归对子宫具有兴奋与抑制的双向调节作用，被认为是治疗痛经的药理学基础。

6. 顽痹证

顽痹是一种慢性疾患，以关节严重变形、肿大、僵化、筋缩肉卷、不能屈伸、骨质受损为主要临床表现的疾病，该病具有长期反复发作性。临床辨证治疗的同时，常规加入延胡索90g，生地黄100g，每日1剂，连服2周为1个疗程，一般皆能取得较好疗效。延胡索治痹倡导于近代名医焦树德，推崇以延胡索为主药，酌情加入其他祛风湿药及虫类药。延胡索治疗痹证，其有效成分为延胡素乙素，是一种较哌替啶弱、但较一般解热镇痛药强、对慢性持续性疼痛有较好效果的药物。生地黄治痹，源于《神农本草经》记载。地黄除痹，倡导于近代名医姜春华，痹证发作，治疗用生地黄为主，一般用大剂量，每次50～100g。生地黄具有滋阴清热、治痹的作用，两者合用，具有较好的清热通络、祛瘀止痛的功效。

7. 化疗性静脉炎

静脉炎是由于抗癌药物对血管的直接刺激而引起的无菌性炎症反应，是静脉注射抗癌药物极为常见的毒性反应。中医认为化疗药物属热毒性药物，其外渗引起局部组织损伤的机制在于热毒郁结、气滞血瘀，因此治疗应以清热解毒、活血散结为主。延胡索合剂中的延胡索具有活血化瘀、行气、镇痛的作用。辅以其他破瘀活血药物的延胡索合剂对化疗性静脉炎有很好的疗效。

8. 戒毒

延胡索通过配伍所制成的复方延胡索颗粒，一定剂量可有效控制吗啡身体依赖性大鼠戒断后的体质量下降，对吸毒者可能有促进康复的作用。

9. 心律失常

延胡索碱及其人工合成品THP、7-溴化乙氧苯四氢巴马汀（EBP）、四氢小檗碱、苄基四氢巴马汀（BTHP）、千金藤啶碱（SPD）等生物碱具有抗心律失常及抑制哇巴因和电刺激下丘脑诱发的心律失常的作用。

参考文献

［1］国家药典委员会. 中华人民共和国药典［M］. 一部. 北京：中国医药科技出版社，2015：172.

［2］钟赣生. 中药学［M］. 北京：中国中医药出版社，2012.

［3］张贵君. 中药商品学［M］. 第2版. 北京：人民卫生出版社，2008：174.

［4］中国科学院中国植物志编辑委员会. 中国植物志［M］. 北京：科学出版社，1990.

［5］中国药材公司. 中国中药资源志要［M］. 北京：科学出版社，1994.

［6］彭成. 中华道地药材［M］. 北京：中国中医药出版社，2011.

［7］谢宗万. 中药材品种论述［M］. 上海：上海科学技术出版社，1984.

［8］周晓龙. 延胡索产销分析［J］. 中国现代中药，2013，15（4）：340–341.

［9］都近大，谢宗万. 延胡索古今用药品种的延续与变迁［J］. 中国中药杂志，1993，18（1）：7–9.

［10］景相林，史习宽. 延胡索种植经验介绍［J］. 基层中药杂志，1999，13（4）：26–27.

［11］胡珂，韦佳玉. 延胡索块茎生长发育过程［J］. 安徽中医药大学学报，2014，33（4）：78–80.

［12］张静. 同生境地引种栽培延胡索品质及质量安全性比较研究［D］. 重庆：重庆三峡学院，2017.

［13］潘先虎. 延胡索栽培技术［J］. 现代农业科技，2008（5）：164–165.

［14］张涛. 延胡索特征特性及栽培技术［J］. 现代农业科技，2011（18）：169.

［15］杨德忠. 延胡索的栽培［J］. 河南中医学院学报，1978（2）：46–48.

［16］程汝滨，石森林，付立忠，等. 元胡主要病虫害的鉴别与防治技术［J］. 农技服务，2017，34（11）：7–9.

［17］罗燕，任小菊，徐皓. 延胡索加工技术研究综述［J］. 现代农业科技，2016（16）：59–61.

［18］赵立红，严霄，张治国. 延胡索组织培养中块茎的形成［J］. 中药通报，1988，13（10）：19–20.

［19］张治国，王凤仙，王相琪. 延胡索组织培养的初步研究［J］. 植物生理学报，1979，5（1）：93–94.

［20］徐良. 中药栽培学［M］. 北京：科学出版社，2001：136–138.

［21］杜萍. 中药材延胡索优化种植技术［J］. 黑龙江科技信息，2015（25）：261.

［22］尹平孙. 延胡索高产栽培五要点［J］. 农业知识：致富与农资，2015（21）：50–51.

［23］赵瑞英. 延胡索栽培技术［J］. 北京农业，2008（22）：16-17.

［24］程国彬，张志嫒. 东北延胡索的栽培技术［J］. 林业勘查设计，2012（03）：81-83.

［25］张艳. 汉中市元胡高产栽培技术［J］. 中国农技推广，2015，31（09）：31-32.

［26］周玉秋. 延胡索高效栽培技术［J］. 现代农业，2006（12）：42.

［27］王玉鹏，蒋学杰. 延胡索无公害种植技术［J］. 特种经济动植物，2016，19（10）：42-43.

［28］林伟群，潘峰嵘，谢世国，等. 延胡索引种初报［J］. 耕作与栽培，2003（5）：43.

［29］巢新冬，王雪根，张林康，等. 桑园间作浙贝、元胡的研究［J］. 蚕桑茶叶通讯，1998（2）：7-11.

［30］房用，慕宗昭，蹇兆忠，等. 林药间作及其前景［J］. 山东林业科技，2006（3）：101.

［31］高普珠，晋小军，张喜民，等. 不同覆盖方式对延胡索产量质量的影响［J］. 时珍国医国药，2016，27（10）：2503-2505.

［32］张真，王建红，陈连民，等. 不同覆盖物在延胡索上的应用试验［J］. 安徽农学通报，2006，12（8）：88-89.

［33］樊桂亮. 浙中地区浙贝母或延胡索甜玉米水稻药粮三熟种植模式初探［J］. 农业与技术，2015（3）：89-90.

［34］杨志铜，曹文元，刘晓平，等. 不同施肥水平对延胡索（元胡）产量和品质影响的研究［J］. 基层农技推广，2015，3（12）：24-27.

［35］梅明清，林敏莉，林鲍才，等. 元胡高产高效栽培技术［J］. 北方农业学报，2013（3）：119-120.

［36］贺凯，高建莉，赵光树，等. 延胡索化学成分、药理作用及质量控制研究进展［J］. 中草药，2007，38（12）：1909-1912.

［37］李玉和. 延胡索药对治疗痛证的临床应用［J］. 辽宁中医杂志，2010（12）：2346-2347.

［38］冯莉霞，贺瑾. 延胡索合剂治疗化疗性静脉炎的效果观察［J］. 护士进修杂志，2014，29（24）：2287-2288.

［39］翟乃云，王绍杰. 延胡索为君药不同配伍对其镇痛作用的研究进展［J］. 当代医学，2010，16（30）：147-148.

［40］王红，田明，王淼，等. 延胡索现代药理及临床研究进展［J］. 中医药学报，2010，38（6）：108-111.